to
live
小满

U0303486

零烦恼居住全书

原点编辑部 著

中信出版集团 · 北京

Chapter 1

空间设计与规划的烦恼

Chapter 2

日常居住的烦恼

Chapter 3

关于健康的烦恼

Chapter 4

家人共处的烦恼

Chapter 5

满足个人爱好的烦恼

Chapter 6

生活创意的烦恼

Chapter 1 空间设计与规划的烦恼

01

我家的空间不够用？

文——李宝怡　图片提供——尤哒唯建筑师事务所

解决方案 架高地板·窗台利用·多空间收纳区共享

很多人觉得家里空间不够用，恨不得能再多几平方米出来，但受限于经费及环境，不得不窝在这样的空间里。如何创造更大更舒适的空间，就考验着居住者的智慧。

想要在有限空间里合法地“偷”出一个房间，除非请设计师协助并大动格局，不然很难达成。那退而求其次的话，到底怎么在现有空间里“偷”出更多的使用空间呢？

有多年经验的设计师们表示，想要“偷”空间，不外乎从两个方向下手：合理的格局配置，挤出更多收纳空间。前者的要诀在于将一些属性相同的空间集中起来，如客餐厅及厨房、私密空间等。至于后者，设计师建议不妨从两个地方下手：一是检视空间里畸零地的利用，二是发展垂直收纳空间。

一般空间里畸零地的利用包括临窗的区域、结构梁柱所产生的区域，以及非方正格局的利用，可以用合法外推及柜体修饰等方式增加收纳空间。至于垂直收纳，则可以考虑双面柜体的整合、地板架高及天花板夹层的利用等。但无论是哪一种方法，在操作时都必须注意结构及安全性问题，如将木地板架高40厘米来创造收纳空间，除了要注意防潮问题外，板材最好选择4分板以上才稳固。

还可以利用一些小型收纳箱及工具，提高料理台或角落的收纳效率。

方案 1

将木地板架高 40 厘米，增大收纳力

除了多做橱柜外，还可以通过架高木地板来增加收纳空间。以小户型为例，将书房、儿童房及沙发背后的畸零地架高做收纳，能为室内增加约 1/5 的收纳空间。

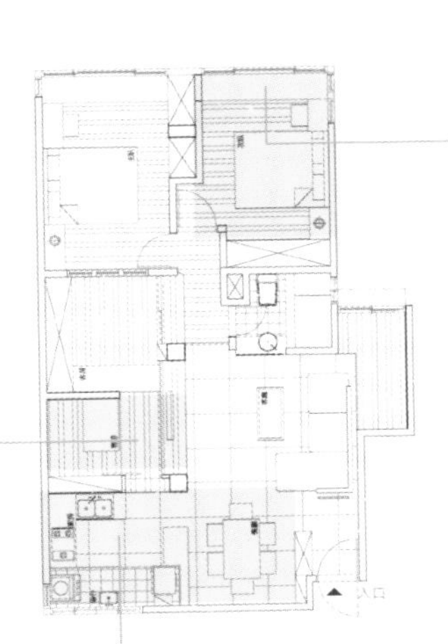

方案 2

善用飘窗及窗台设计

窗台的利用也是增加收纳空间的好方法，不过要注意法规及结构问题。

方案 3

厨房、后阳台及餐厅一起规划

其实厨房是家里收纳最麻烦的地方，因此尽量将餐厅、厨房、后阳台等属性相同的空间规划在同一区域。收纳区共享，可以彼此协助支持，做起家务事来也更便利轻松。

小贴士 **入口架高木地板，要注意结构及防潮问题**

架高木地板做储藏空间，在设计上有几点要注意：首先，最适合储物的空间长、宽、高分别在 120 厘米、90 厘米、35 厘米以内，因此骨架结构要经过严密计算；同时在施工上，底层要铺上防潮布，再铺底板，上盖的部分要用 4 分板以上，再架木地板才会稳固。

02

空间太小，
很多需求只能牺牲吗？

文——摩比、李宝怡　图片提供——德力设计、杰玛设计、KII 厨具

解决方案 柜与桌的内嵌式设计・隐藏式活动餐桌・是单椅也是茶几

人生中有许多取舍，空间设计也是一样。但有时并不一定要将需求全部删除，改变一下呈现方式或用一些设计技巧，一些生活小创意也由此而生。

比如，一般人最想要中岛型厨房及 T 形中岛搭配餐桌的豪气，却往往碍于空间限制而不得不舍掉一些重要的需求，于是餐桌被牺牲，中岛与吧台合二为一；又或是在主卧做满了衣柜，结果化妆台没地方放，只好忍痛不要，等等。其实用一点巧思，利用“变形金刚”的设计模式将各种功能整合在一起，就可以满足不同需求。

像设计师利用钢琴的原理将化妆台整合在衣柜里，需要时才拉出来使用，平时就隐藏在衣柜下方，既不影响卧室动线又兼具美观。又或是将餐桌隐藏在中岛吧台下方，并在下方加装轮子，需要时拉出来，结合中岛成为 T 字形餐桌中岛，不用时则收入中岛内部。又或是一样是餐桌与中岛的结合，但平时使用的是四人餐桌，等有客人来时再将餐桌拉出变身10人座的大餐桌，等等。

另外，在活动家具部分，设计师表示“ㄇ”形木椅很好用，平时可以成为一张单椅，有需要时翻转立起来，便是好用的茶几。一物多用，符合小户型屋主的多功能需求。

方案 1

层层叠叠的隐藏式衣柜+化妆台设计

为了增加卧室空间的功能，设计师以75厘米为界线，将上层空间作为衣柜，下层可挪出作为书桌，甚至改装为梳妆台，使用完毕后推入，不影响动线。另为桌面下的空间量身打造了一个可移动的抽屉柜。

方案 2

中岛下隐藏式活动餐桌

由于厨房及餐厅空间有限，平时仅以中岛桌满足4个人的用餐需求，一旦有客人来访，则将隐藏在中岛下方的餐桌拉出来使用，可容纳更多人。给餐桌装上轮子，操作使用更方便，甚至还可以将餐桌拿到其他空间，比如变身麻将桌。

方案 3

是单椅也是茶几的活动家具

小户型空间最讲究多功能，因此有许多设计必须考虑是否能一物多用。在上图40平方米左右的小空间里，放置一个“冂”形木椅，平时加个软垫则是空间里可以移动的小板凳，有需要时将其立起，则成为客厅沙发的辅助茶几，或是卧室里的床头边几，堪称一物多用的设计经典。

03

如何规划插座？

文————李宝怡　图片提供————尤哒唯建筑师事务所、杰玛设计

解决方案 对角线原则，在每个空间里规划合理的插座

插座不够用一直以来困扰着无数的家庭。太多的插线板不但影响居家安全，有时还严重影响动线及美观。到底在家里要配置多少插座孔才能减少对插线板的需求呢？

设计师表示必须结合屋主的日常使用习惯，除了固定家电外，顺应季节或生理需求的活动性家电也要考虑进去，如电风扇、吸尘器等。如此估算出来的插座孔数最符合这个家庭的生活需求，插线板便无用武之地了。

另外，还需考虑一些扩充性的插座孔，如电视柜未来是否还会增加游戏机、音响视听设备或其他智能设备等。若不知道怎么粗估家里到底要多少个插座孔才够用，这里有一个简单的小技巧：将每个空间视为密闭房间，用“对角线配置法”在前后左右都配置一组。也就是说，在一个正常的空间里，如客厅，最起码要有8个插孔（1组插座通常有2个插孔）。然后再在有特殊用电需求的地方增设插座，例如壁挂式电视、电器柜、书桌等。

插座高度离地20厘米以内，人最不容易被电线绊脚，至于柜面上的插孔高度，距离柜面5—10厘米比较美观方便。建议插座采用立面设计，若一定要设置成平躺式，最好加盖，否则容易藏污纳垢。

方案 1 插座的对角线原则

单一空间（如客厅、卧室）的插座安排可采用对角线配置法，四个角各安排一组，若有其他需求（如书桌台面）则再增设。

（注：平面图上的每个红圈皆指一组插座）

一般居家基本插座设置及数量

空间	地点	插座数（1组2个插孔）
玄关	玄关平台	1组
	鞋柜内部（若设置除湿棒）	1组
客厅	壁挂式电视	1组
	电视柜	2—3组
	沙发背墙左右两侧	各1组
餐厅	餐橱柜	1—2组
	餐厅主墙	1组
	中岛设置炉具下方侧面	1组
	餐桌下方	1组，若同时工作用则2组
	吧台或出菜台侧面	1组
厨房	电器柜	3组，且需设置专门电路
	冰箱	1组
	料理台柜面	2组，设置时最好远离炉具及水槽
	吸油烟机	1组
卧室	床头两侧	各1组
	衣柜下方及对角	各1组
	化妆台	1组
儿童房	书桌上方柜面	1组
	床头的地面及壁面	各1组
书房	书桌柜面	1组，若配置其他电子产品，或工作用，增设1—2组
	书桌下方	2组
	书柜	1组
卫浴	洗手台面	1组
	马桶旁	1组
后阳台	热水器	1组
	洗衣机	1组

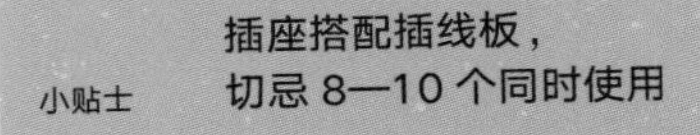

小贴士 **插座搭配插线板，切忌8—10个同时使用**

一般空间规划时，每5组插座（10个插孔）就必须设置一个回路系统，以免电力超负荷，插线板的安全使用也可依此推算。若一组插座和插线板，有超过10个插孔同时启用，就是超负荷，要将部分电器移至别处，以免发生危险。

书房

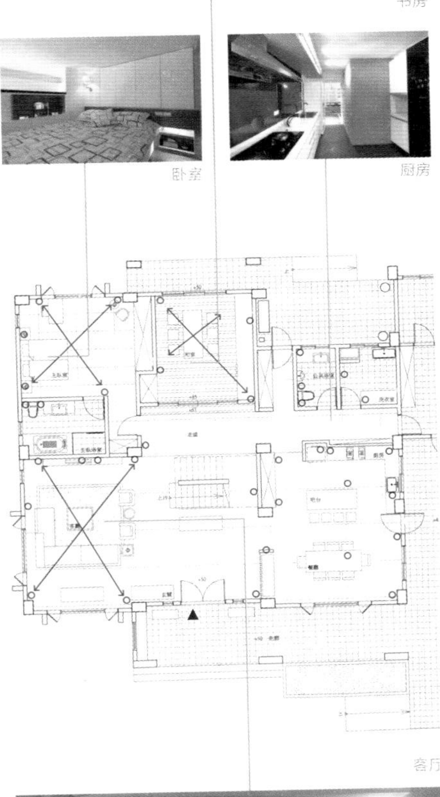

卧室

厨房

客厅

04

不想跑大老远去关灯？

文——李宝怡　图片提供——杰玛设计、尤哒唯建筑师事务所

解决方案 双控开关设计·夜灯面板·统一面板高度

试想回到家里，若还要穿过长长的玄关才能开启客厅的灯，是不是觉得很不方便？万一有老人家，那就更危险了。

开关面板的设计其实并不简单，要结合使用动线及习惯考虑。一般人回到家的动线是玄关→客厅→卧室，因此客厅的开关应在玄关，而非客厅。通常，开关面板的位置就在门口，方便进门时开灯。但唯有卫浴空间因怕水汽影响，建议把开关设置在门的外侧。

在家里，人走来走去，灯也会开开关关，因此建议在动线上设计双控开关，才不用每次开关灯都要绕家里好几圈。另外，建议采购有夜灯设计的开关面板，除了在黑暗中可以快速找到开关外，也能随时知道房间里的灯有没有关。在一些较大或多功能的空间里，建议设计多段灯光，就是利用开关按压次数来决定亮几个灯泡，或是亮哪里，既能展现出空间的层次及情绪，也省电。

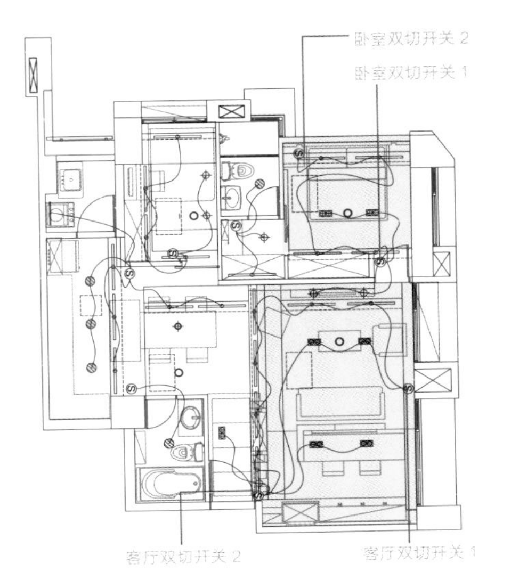

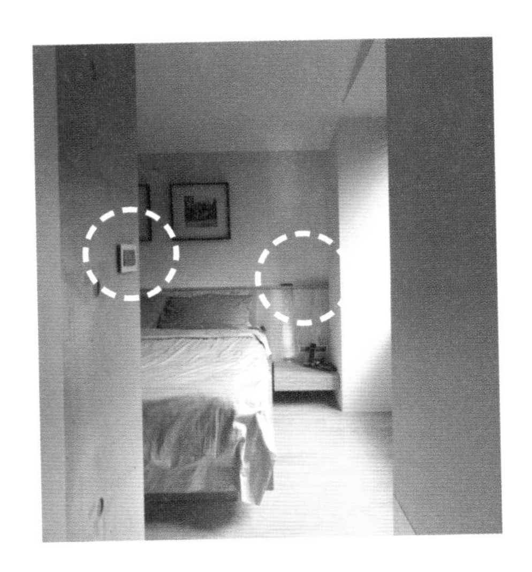

方案 1

客厅和卧室设计双控开关，方便安全

在客厅、卧室里及上下楼梯时，会有动线的起点及终点，建议最好用双控开关。比如在主卧进门处设置一个开关，但等要睡觉时还要跑到门口关灯实在不方便，不妨在床头也设计一个同一回路的开关。客厅也一样，除了在玄关设置开关外，在进入私密空间的廊道上再设计同一回路的开关，免得还要回头去关灯。

方案 2

有夜灯设计的开关面板，夜视且省电

开关面板会依空间里灯光设计的回路而有单开、双开……最多六开的面板设计。但建议面板还是不要太碎，否则在切换上不方便。选择有夜灯设计的开关面板，不但可以在黑暗中一眼就看见，也可以知道家里哪个房间没有关灯。设置在厕所门口时，也可以检视里面是否有人使用。

方案 3

统一开关面板高度，好找又美观

另外，开关面板的高度也应统一，免得还要到处找。为了美观起见，设计师建议离地约 120 厘米高的地方最适当，万一双手同时拿东西没空开关时，用手肘也方便。

05

希望我家
每个角落都很明亮

文——魏宾千、李宝怡　图片提供——匡泽设计、尤哒唯建筑师事务所、杰玛设计

解决方案 局部敲墙 · 户外引光 · 玻璃隔屏

四面无窗的房间，任谁都不喜欢，除非因个人需求（如摄影工作）在家中需要预留一个完全密闭又黑暗的房间外，通常在设计格局时，这种暗房空间是绝对要被列入整顿项目的。因为暗房缺少光、通风差，长时间待在暗房里非常不利于健康。

另外，因为不良隔间的关系，也会导致整个空间看起来阴暗、狭窄。这时，要解决空间阴暗的问题，不妨将暗房“释放”出来，变成开放空间的一部分。比如将它并入客厅，增加待客空间，或是转为开放式书房，隔着一道矮墙或半开放式书柜与另一个空间进行互动。

除此之外，也可以设计穿透性隔间，或是在室内墙上开窗来破除阴暗空间。简单地说，借玻璃隔间、玻璃拉门、玻璃窗等，让阴暗的空间可以分享来自邻区的光线，活化暗房空间的运用。

还有增加室内空间与室外的关系，将外面的光源大量引进室内的设计手法，比如将室外墙在不影响结构的情况下改为强化玻璃门或墙，设计成阳光房，重新定位暗房空间。

不过，将空间转暗为明后，虽然提高了该区与周围空间的互动性，相对也失去了空间的隐秘性，建议加装百叶帘、罗马帘或纱帘等，需要隐私空间时，将窗帘拉起来就可以了。甚至还可以通过这样的软性手段，区隔出一个弹性空间招待亲朋好友。

方案 1

将实墙去除，暗房释放为开放式空间

在室内，多一堵墙就会影响采光，因此将多余墙面去除。沙发后方原为墙体，如今成为开放式空间，搭配开放书柜，后方则做半高的中岛橱柜，让全屋明亮且无阴暗角落。

方案 2

让户外阳光大量照入室内

将外墙全改为强化玻璃气密落地窗，把户外的自然光源带入室内，使室内空间在白天即使不开灯也明亮。

改造前

改造后

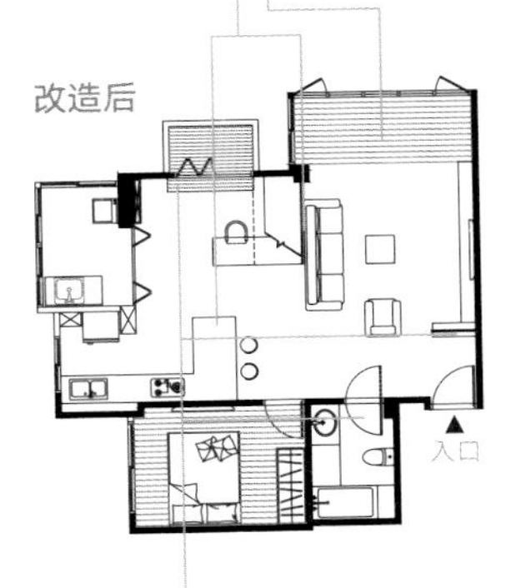

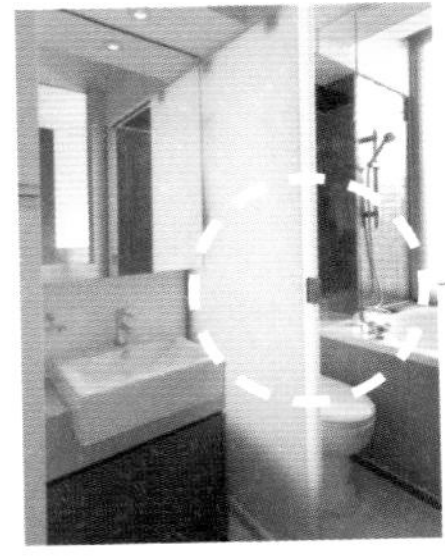

方案 3

尽量采用玻璃类隔屏或门，引光至室内

大量运用玻璃类的隔间，让光影能在室内流动。在强化玻璃屏风上贴雾面亚克力贴纸，出入卫浴门采用白膜玻璃设计等，则既保采光又保隐私。

小贴士

善用玻璃隔间＋窗帘，采光及隐私兼顾

因为大量采用穿透性、开放性空间设计及玻璃隔间，虽让家里每处都明亮，但相对大大减少了隐私保护，这时不妨利用窗帘，在必要时为空间增加隐私性。

06

什么样的灯光设计能让家里充满温馨的感觉？

文——李宝怡　图片提供——尤哒唯建筑师事务所

解决方案 飞碟天花板打光法・平顶天花板打光法・地板灯间接打光法

温馨的家就像一个温暖的避风港，能留住每个人的心。但到底什么是温馨的家呢？不同的人的回答都会不一样。从精神层面来说，有人希望回家有热热的饭菜吃，有和煦的笑容迎接自己，有家人的关怀。但从设计层面上来说，怎样营造一个温馨舒适的“家”呢？通过灯光设计。

在一个空间里，通过不同的光投射，会产生不同的空间氛围及效果。以目前常见的室内空间灯光设计来说，不外乎天、地、壁这三面的灯光处理及效果。

就“天”来说，时下最流行的间接光源设计有两种：一种是将光打在天花板上，使之反射至地板；另一种则是将光打在四周的墙上，经过反射，再落至地板。如果追求光的亮度及彩度，则前者较佳；但在营造柔和的氛围上，后者为宜。

壁面的部分，有壁灯及立灯等营造光影变化。在地板方面，除了可以通过架高以争取公共空间的延伸及变化，木地板下方还可以做嵌灯设计，从视觉上处理空间与空间的不明显分割问题。

同时，无论是天花板或地板，都要注意不能让人看到灯管。因此，怎么隐藏成了重点。另外，受到工业设计影响，很多空间设计也渐渐出现裸梁的LOFT（小户型、高举架）风格，运用裸露的管线，直接架设投射灯以协助照明，这种情况建议选择LED（发光二极管）灯会比较亮且耐用。

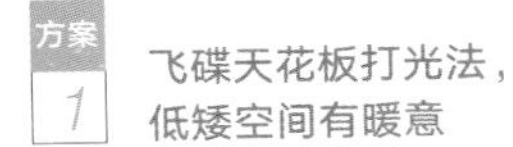

方案1 飞碟天花板打光法，低矮空间有暖意

飞碟天花板打光法指的就是在墙四周架设间接天花层板，并在此架设光源，让光线照射天花板，再反射至空间的中央地带，带来柔和的灯光效果。比较适用梁下高度低于 220 厘米的天花板空间，或想让天花板看上去更高挑的设计。

方案2 平顶天花板打光法，洗墙创造温暖带

这种平顶天花板的设计，主要是想将梁整平修饰掉，因此，隐藏灯管的地方应在天花板往下约 30—40 厘米处，梁下天花板高度也不能低于 220 厘米，否则会有压迫感。将光打至墙面再反射到地上，能突显墙面，形成一条温暖的光带。

方案3 地板灯间接打光法，空间显轻盈

让光从地板透出来，除了界定空间关系外，也让电视柜显得轻盈。

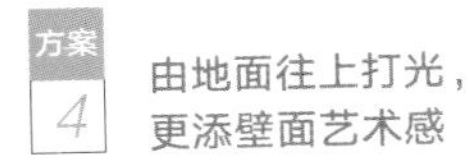

方案4 由地面往上打光，更添壁面艺术感

一般灯光设计不外乎由上投射到地面或物体上，但换个方式来想，若是将光往上打，在壁面呈现如树影的感觉，更有诗情画意。

07

为什么在家走路
总是被边边角角撞到？

文————魏宾千　图片提供————尤哒唯建筑师事务所、大湖森林设计

解决方案 走道及动线宽度应超过 75 厘米

走道存在于家里的各个空间，只是有的长，有的短，有的被设计在空间里不易觉察。而通过走道串联每个空间，在建筑与室内设计里，叫“动线”。比如从客厅到房间，可能需要经过一条走道才能到达，同理，从厨房到房间也会有一条通行动线。

基本上，想要在家里行走自如，不容易跟人或物品发生碰撞，在空间条件许可的情况下，需要预留75—100厘米宽的走道，约为两个人肩膀的宽度，因为这样的宽度是舒服的，走动时不会碰触到墙壁，两人同时在走道“错身”也不会觉得很拥挤。

在这个宽度标准的基础上，每个空间对于走道的要求又有些许不同。以厨房为例，走道多半会预留90—120厘米，考虑的是当人们在厨房对着水槽、料理台或炉具，进行洗、切、煮这一系列动作时，后面还可允许一个人通过且不会发生肢体碰撞，增加厨房安全性。

公共走道大概分为连接客餐厅、房间，或是挑高空间的夹层回廊等两大类。连接厅区与卧房的走道通常维持在90厘米以上的宽度。至于夹层区的回廊过道，也应保留75—100厘米的宽度，方便人们在走动时可以两侧交会或两人同行。

书房里的基本配置包括书桌椅、柜子。这里是阅读或工作的地方，也是居家收纳的重点空间，考虑到可能在同一时间内有两人同处一室，走道宽度应该要再纳进一个座椅拉开的空间，约100厘米，让一人在使用书桌时，后面的人还可以舒服地活动。

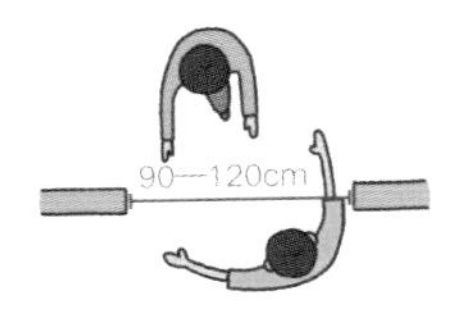

方案 1 大门与廊道，一人半的肩宽最舒适

大门是家人进出、家具进场的主要入口。包上门框后，最好还能有 90 厘米以上的宽度，才不会将大型柜子或长桌拒之门外，家人进出时也不会显得拥挤。

2 厨房，请把料理帮手的走动空间也加进来

一字形的厨房是不少家庭的常见配备，也是最常发生“堵车”的类型。走道最好预留 90—120 厘米宽，让一人面对灶台料理时，另一人也能走动帮忙。

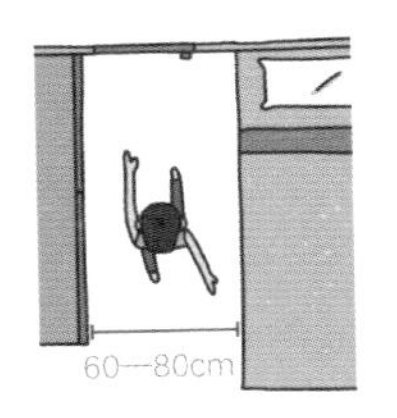

方案 3 卧室，床与柜的距离是重点

卧室里，柜子和床通常紧密相连，彼此间的距离除了要考虑行走的便利，也要注意到柜门是否能顺利开启。通常单扇柜门宽约 45 厘米，而人们的肩宽在 55—60 厘米，以此为参考标准，走道宽度最好不要少于 65 厘米。

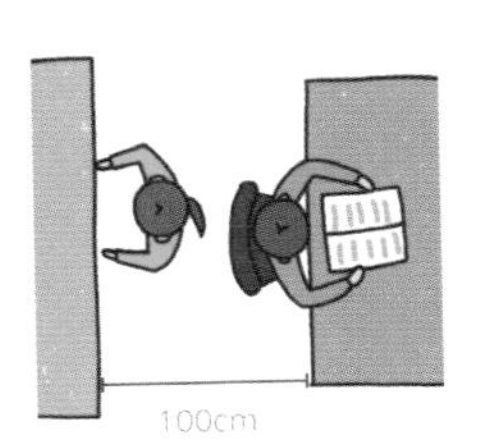

方案 4 书房，考虑两人共享的尺度

不少人家里的书房属于狭长空间，书桌和柜子之间的区域既是座位区，也是走道区，除了计算桌子到柜子间的适当宽度，也得注意椅子拉出来后，后方是否仍够一人行走。100 厘米是较适当的尺寸。

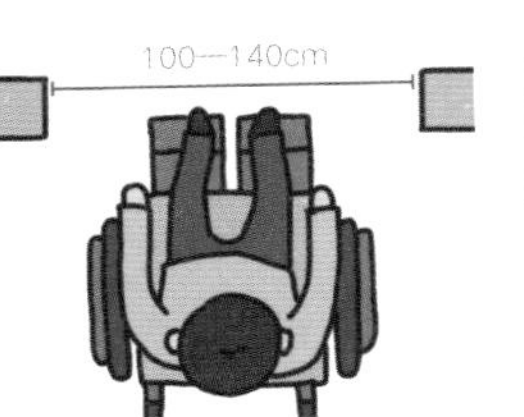

方案 5 轮椅行进空间，100 厘米以上最流畅

若家中有行动不便的亲人同住，走道宽度便需要考虑到轮椅进出的方便性，宽度 100—140 厘米较易进出回转。同样，浴室门宽也要加大，方便轮椅进出。

08

门怎么开才最合理？

文——魏宾千、李宝怡　图片提供——尤哒唯建筑师事务所、大湖森林设计、杰玛设计

解决方案 单扇门·弹簧门·拉门·折叠门

每天进出几次门，你仔细算过吗？家里的门是往内开还是往外开，你又仔细想过吗？门是我们每天都要接触的东西，就像衣服一样，若是一开始没选好，就像穿错衣服一样会造成很大困扰。到底门要怎么开才不容易撞到，甚至还可以增加收纳空间呢？

门的设计，其实跟空间动线有很大的关系。以室内来说，大多是往内开的形式，仅有少数因功能性需求才会设计对外开，或是以拉门形式呈现。就空间格局而言，门掌握了出入的动线，再考虑到物品搬运的可能性，因此室内门的宽度多在80—90厘米，玄关大门则比较大一点，为90—100厘米，出入厕所或储藏间的门则为最小，65—70厘米，而干湿分离的卫浴门最少也要有70厘米的宽度才适合进出。另外像美式风格里的双扇门设计，宽度在120—180厘米，若宽度超过210厘米，则建议做成三扇或四扇的拉门或折叠门，以承载门的重量。至于门的高度，则一般维持在200—210厘米，看起来会更美观，但如果全家人的平均身高超过180厘米，那门要再加高10—20厘米，才不会觉得有压迫感。

除此之外，家中的橱柜门也要注意，比如对开门单扇门的宽度在45厘米左右较美观且好施力。

门的类型众多，有单扇推门、隐藏推门、对开门、折叠门及拉门，其中拉门又分为隐藏式拉门及单边拉门设计。若谈到收纳空间的利用，仍以一般房间常用的单扇推门比较实用，在门后设置一排挂钩即可加强门的收纳功能。

单扇门，门上可加装收纳五金

方案 1

宽 80—90 厘米的单扇门，适用每个室内空间，多为木门，且可以通过挂钩在门上增加收纳功能。除了一般进出门外，衣柜等收纳门柜也适用，收纳门宽度为 45—60 厘米最佳。出入口大门最好宽 100 厘米。

弹簧门，轻推即开即关

方案 2

通过弹簧让门实现 180 度轻易推开与自动归位。75—90 厘米的宽度适用于进出吧台或厨房的隔间门或后阳台的纱窗门。此外，家中老年人居住的房间门也适合做此设计，方便进出。

拉门，不费力不占位

方案 3

拉门建议做悬吊式轨道，较美观，动线也较顺畅，若宽度超过 150 厘米，则建议做结构加强，选择好的五金更能承载门的重量及使用次数。至于隐藏式暗门，最好安装自动回归铰链，才能在开门后自动定位。

折叠门，大开口创造宽阔感

方案 4

折叠门最好用铝合金框架和锌合金把手，门边贴上 PVC（聚氯乙烯）气密压条，折合处利用隐藏式强化铰链，留出空间以防夹伤，建议搭配 8 毫米以上厚度的玻璃。

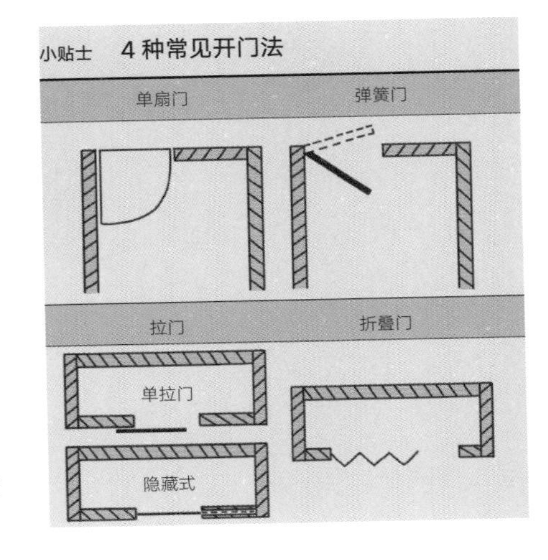

09

如何把柜子“藏”起来，让空间显得更大？

文——魏宾千、摩比　图片提供——德力设计、尤哒唯建筑师事务所

解决方案　柜子藏墙间 · 灰镜茶镜隐身法 · 镜门反射

在空间里，柜子代表收纳功能，是绝对不能少的。例如一进门的玄关鞋柜、客厅的电视柜、餐厅的餐橱柜、主卧的衣柜或更衣室、厨房的电器柜及上下橱柜、卫浴的浴柜等等。若全部柜子都有门，虽然在日常生活中方便清洁维护，避免柜内物品积染尘埃，但柜子加门，容易带给空间沉重的压力。这时，不妨利用反射性材质，让橱柜不只是橱柜，也是一道可半透视的门或一道放大空间的墙。

可用的方法很多，但多半仍采用遮蔽式，比如外部反射、内部透光或连成一气的设计，能减轻橱柜的存在感。柜门可以选用镜面玻璃材质，搭配灯光投射的变化，降低柜子的笨重、压迫感。另外，也可以考虑利用木头封板的方式，将柜子与相邻的墙整合成一个面。又或者在柜子外面加装推拉门，如同一个屏风，必要时可以当书房的门，开启后则作为柜门，采用灰镜与茶镜，让空间因镜面反射而达到视觉上的放大效果。

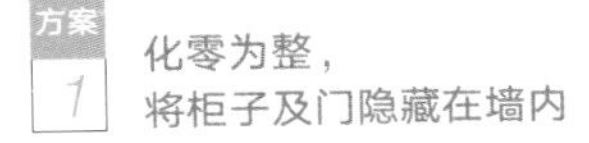

方案 1

化零为整，将柜子及门隐藏在墙内

摆放柜子的位置可以在动线的转角处，旁边不只接着墙，还与其他空间的入口相连，如卧房、浴室、储藏室等，将柜子发展成一面墙。化零为整，柜子、空间入口整合成一面大墙，刷上颜色、贴上壁饰都美观。

方案 2

灰镜、茶镜拉门低调隐身，放大空间

若空间里已配置大量的衣柜、书柜与收纳柜，过多柜体容易显得呆滞，因此可运用面板的变化，让柜体不失趣味。用灰镜与茶镜做成 70 厘米宽的大面积的推拉滑轨门遮盖书柜，同时也有放大空间的视觉效果。

方案 3

半透明烤漆玻璃搭配 LED 灯，让展示柜若隐若现

客厅沙发背后设计一排深 60 厘米的收纳展示柜，放置屋主购置的大型艺术品。为使屋主能时时欣赏展示柜里的作品，设计师特意在局部烤漆玻璃门和展示柜之间留出约 70 厘米的距离，特定展示区域则采取镂空留白的透明强化玻璃设计，辅以 LED 灯照明，让展示品透过光源，再从半透门反射出来，因朦胧美而成为视觉焦点。

方案 4

镜子橱柜门让空间更大更明亮

这个柜子位于玄关及厨房出入口，采光不足，因此采用镜面玻璃做橱柜面板，除了可当仪容镜外，透过镜面反射，也让空间更明亮，并达到放大空间之效。

10

电器柜怎么设计才够用？

文————李宝怡、摩比　图片提供————尤哒唯建筑师事务所、德力设计、大湖森林设计

解决方案 直立电器柜 + 备餐台 · 餐橱柜 + 电器柜 · 独立电器柜

家里最复杂的柜子莫过于电器柜，居家常用的电器包括：电饭锅、小烤箱、果汁机、面包机、松饼机、嵌入式烤箱、微波炉、咖啡机等。要把这些都放入电器柜内，到底要怎么做，在使用上才更方便？

在家中使用的电器柜分平台式、垂直式及两者结合三种形式，受限于空间及动线规划，它可以跟料理台橱柜、中岛结合，或是单独呈现，但不管是什么形式，在规划电器柜之前，要先确定所有电器的尺寸。除了嵌入式家电尺寸必须密合外，放其他小家电的格子尺寸最好上下左右多留1—2厘米，以免家电进驻时，因太过密合无法塞进柜内或门无法打开。

同时，以规划4—5格的直立式电器柜来说，内部应配有6—8个插座，才不会需要将电器搬来搬去。而且一般家用电器深度约50—60厘米，因此电器柜的深度必须预留50厘米以上，电器放置也要注意最上缘的高度尽量低于150厘米。另外，家电放置的高度不要低于50厘米，以防蟑蚁入侵。还要规划好散热孔。放置蒸汽设备如蒸锅、电饭锅等的柜子，最好设计活动式抽拉层板，避免蒸汽损坏柜子。而凌乱的电器用品可用隐藏式门遮住，降低视觉的凌乱感。

直立电器柜＋备餐平台

位于餐厅旁的备餐台同时也是电器柜，规划上、中、下三个区域，上层用上掀门，让收纳空间更弹性，下为对开门，中为备餐台，提供机动性使用的过渡空间。为了不让电器柜内的杂物或家电影响居家氛围，特选用有镂空图腾并经过局部喷砂处理的强化玻璃拉门，搭配辅助光源营造通透感。

餐橱柜＋电器柜，并善用餐桌下方空间

除了将电器柜与餐橱柜整合在一起外，也可以善用餐桌下方的空间规划小型电器柜，放置如小烤箱、果汁机、面包机等方便移动的小家电。

打开前

打开后

独立电器柜，收纳量超大

大型电器柜可分割出多元功能，滑动式拉门打开后，里面还有上掀式的储物柜以及抽屉、可拉式层板等，让电器的使用与收放更便利。平时把门关起来可以完全隐形。

小贴士

配合蒸汽式家电设备，柜子上缘用亚克力贴纸保护

若受限于动线无法做活动式抽拉层板，建议最好在放置蒸汽设备的柜子上缘，用亚克力或厚的塑料贴布做防护，以免水汽侵入和腐蚀木柜，影响电器柜的使用寿命。

11

真的
很想有间更衣室

文———李宝怡、摩比　图片提供———尤哒唯建筑师事务所、大湖森林设计、德力设计、养乐多木良

解决方案 一字形 · L 形 · “冂”形 · II 形

相信每个女人都希望自己家里能有一间更衣室，即便空间不足，也会让设计师想办法“生”出来。其实并非所有空间都能“生”出一间更衣室，要视空间大小而定。一般而言，若是空间足够，最好另辟一个独立的更衣空间，可以收纳全家人的衣物，这是最方便的解决方案。

但事实上，往往一家人的卧室都不够用，怎么可能牺牲任何房间作更衣室呢？于是，各式各样的更衣空间便在住宅里呈现。根据设计师的经验，小于10平方米的卧室只放入一张双人床都嫌拥挤，更何况还要挤入一间更衣室呢？因此，多半会用衣柜，收纳量并不会比更衣室少。

至于10平方米以上的卧室，想要规划更衣室，必须视整体动线、开窗位置及格局配置而定。大致上，扣除双人床、化妆台、床头柜等必要的配置后，如果在不占通往门口及卫浴动线的地方仍剩下140厘米 × 180厘米左右，2—3平方米大小的空间，便可以试着规划一间简易的一字形更衣室。若超过240厘米 × 180厘米，则可规划出“冂”形的更衣室。

其实，更衣室的最佳设置地点在进出卫浴的地方，收纳或使用上也较方便。至于更衣室内部是否要加装门，见仁见智。但设计师表示，若更衣室与主卧采用开放式设计，或是更衣室内部有临窗设计，建议最好加装门，这样比较不易染尘，并可加装触控灯，方便开门拿衣物时，衣柜自动亮灯照明。

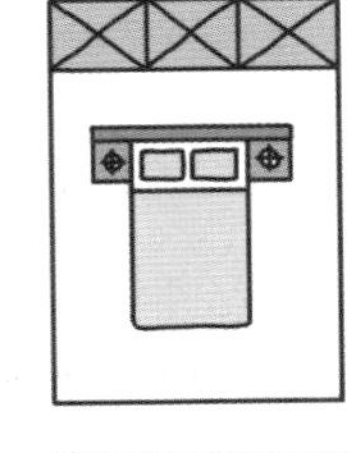

方案 1 一字形更衣室，需求空间 2—3 平方米

在衣柜与床之间预留约 70 厘米宽的距离，增设高床头板（或半墙），如此便可替卧室创造一个完整的更衣空间。

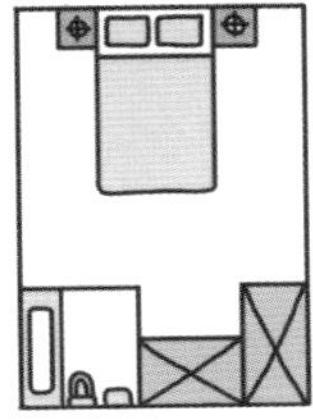

方案 2 L 形更衣室，需求空间 3—3.5 平方米

若床尾的空间够宽敞，可运用卧室的转折空间，或墙柱内缩的畸零空间，甚至与卫浴分割，创造出 L 形更衣格局，并通过适度的角落，遮掩更衣。

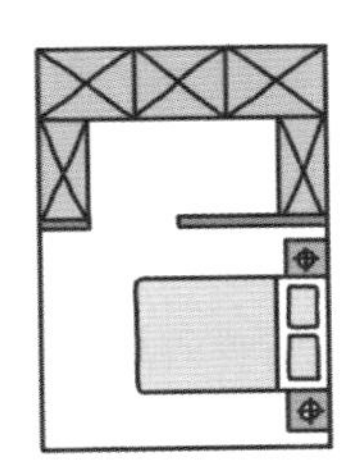

方案 3 “冂”形，需求空间 3—6 平方米

若卧室够大，可以让出一个大小约 240 厘米 ×180 厘米的独立空间，便可规划出“冂”形的更衣室，做出大容量的收纳空间。

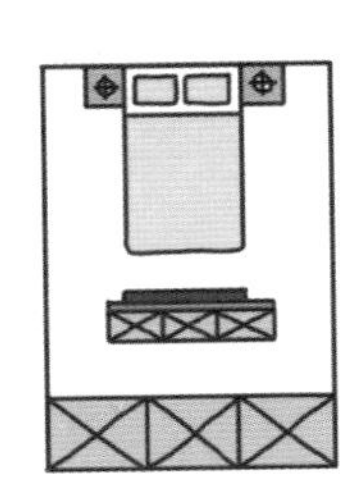

方案 4 II 形，需求空间 3—3.5 平方米

利用卧室对电视墙的需求，在墙体后方另行规划衣柜，同时与原有的衣柜圈画出一个独立完整的更衣空间。

小贴士

衣柜＋布帘或格屏＝简易更衣室

若是空间真的无法规划更衣室，有一个折中的办法：保留衣柜，在衣柜外距离约 70 厘米的地方设置一个窗帘轨道，搭配布幕或格屏将之围起，就是一个既便宜又简易的更衣室了。

12

开放式空间设计，帮助职业女性快速处理家务

文———摩比、李宝怡　图片提供———德力设计

解决方案 简化动线 · 锅具好收纳 · 进门直达厨房

任谁回家都想看到笑容满面的妈妈吧？但现实情况是：每天她都慌慌张张地冲进家里，把包包及外套丢在客厅，然后绕过餐厅到厨房，用最简单最快速的方法料理食材。这中间还不时夹杂因为看不到孩子在做什么而吼来吼去的声音。等忙完了吃饭，紧接着洗碗、收衣服、检查孩子的作业、安排家人洗澡等，每天若能12点前上床睡觉就偷笑了。第二天一早6点就要爬起来，叫醒孩子、做早餐……长期下来，再怎么优雅美丽的妈妈也很容易变成“黄脸婆”。所以，要怎么做才能帮助职业女性们回家后，用不到3小时的时间搞定家里大小事呢？

请保姆或钟点工也是一种办法，但并不是长久之计，规划好适合职业女性的家事动线才是重点。

传统的隔间及动线设计多站在男方的角度考虑，密闭餐厅、厨房、过长的廊道造成了不方便的行径动线，也让处理家事变得复杂，更造成亲子相处的隔阂。设计师建议采用日本近年很流行的LDK开放式空间设计，让客厅（Living Room）、餐厅（Dining Room）与厨房（Kitchen）三个主要的公共空间维持开放设计，且彼此相连。同时，将后阳台一并规划入内，缩短衣物清洗、晾晒及将衣物收纳到卧室的动线，让所有家事一气呵成。

至于厨房与餐厅之间是设置中岛、吧台还是备餐台，可视空间大小及个人需求而定。但设计师建议将水槽面向餐厅，中间设置挡水板，让女主人一边烹调一边监看孩子们写作业。另外，搭配加长版餐桌，桌下设计插座，还可变身为女主人的工作台之一。

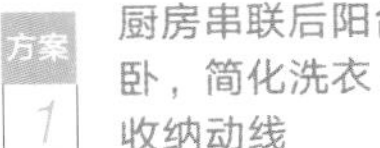

方案 1

厨房串联后阳台、主卧，简化洗衣、晾衣及收纳动线

厨房右侧为事务后阳台，左边为主卧，动线为后阳台洗晾衣→厨房→主卧衣物收纳。厨房走道宽度控制在90—100 厘米可容纳双人动线，妈妈做料理时，家人也可以帮忙收纳衣物。

方案 2

食材锅具好收放，不再被凌乱惹恼

采用 120 厘米 ×180 厘米，高度 100 厘米的中岛吧台设计，与 75 厘米高的餐桌形成和谐的高低差，吧台下方三面设抽屉与对开门储物柜，可储放干货、果汁机与锅碗瓢盆，收纳容量大。加长餐桌可变身女主人工作桌。

小贴士

挡水板备餐台遮杂乱，料理台就是司令台

如果无法设置中岛或是吧台，可将水槽面向餐厅，中间设计挡水板辅以柚木胶合板平台作为迷你备餐台，高度 85 厘米的厨具搭配 95 厘米高的挡水板，和 75 厘米高的餐桌形成和谐的高低差。有了挡水板，厨房的杂乱不会被用餐者看到，而且烹调者与用餐者之间可以借此轻松互动，视线得以交流，厨房与餐厅因此整合成了一个完整的膳食空间。

方案 3

进门直通餐厅厨房，省时省力

将客厅、餐厅及厨房这三个公共空间串联在一起，可随时顾及家人及孩子需求，与家人间及时互动。动线变成玄关→餐厅→厨房，中间还有冰箱，方便妈妈采购食材回来分类收纳。

13

少动格局也能拥有开放式厨房？

文——李宝怡　图片提供——杰玛设计、尤哒唯建筑师事务所、KII厨具

解决方案 出菜台开窗设计・移除半面墙・电卷门隐藏炉具

开放式厨房是女人们的梦想，但真到了装修时，才知道并非每个家的格局都适合设置开放式厨房，因为有时不只是变动厨房，全家的格局、管线等都要改变，如此一来，装修费会变成原本预估的2—3倍。一般人听到这样的设计及价钱时，装载梦想的热情马上消失了一半，然后继续待在密闭式厨房里与油烟奋斗。

有没有少动格局就能拥有开放式厨房的方法呢？答案是有的。方法还不少，包括在厨房及餐厅开窗，设计一个出菜台；将餐厅及厨房的隔间墙拿掉一半，成为隔屏；将厨房与餐厅结合、把厨房改成储藏室，等等。虽然如此，但整体设计并非只是看到成果而已，中间仍需严密检视管线的分配及走法，才不会造成未来使用上的困扰。像是在厨房及餐厅的隔间墙上开窗的设计，之前就必须先检测开窗墙面内是否有隐藏管线，若有就必须将管线变更，将水电隐藏在厨具的下方。而且为强化出菜台的结构，设计师建议用铁件铝框处理，让窗框的线条更简洁，使用保养上也更便利。至于拿掉一半隔间墙的设计，也是运用相同的手法处理。

比较有趣的想法，是将原有的厨房改为其他房间，把厨房直接搬入餐厅，与餐桌结合，与客厅等融合在一起。条件是将餐厅电器柜让一部分给炉具使用，并预留约80厘米宽的走道，方便设计与餐桌结合的中岛。设计师表示，这个方案只要餐厅超过5平方米就可以实现，变出女人们梦想中的开放式厨房，以后做菜就不必孤孤单单的了。

方案 1

出菜台开窗设计，内外互动便利

保留原本的厨房，仅在临餐厅那面开窗设计成出菜台，并用铁件支撑，建议面宽要比墙厚 2—3 厘米，这样放置碗盘不易掉落。出菜台下方设置水槽，方便用餐完可以直接递进来清洗，更增加家人之间的互动。

方案 2

移除半面墙，半开放厨房设计

有人或许不喜欢进门见炉灶，可以不将墙全部打掉，仅留 90—100 厘米高的墙面直至入口处转角收边，兼得屏蔽和出菜台的功能。同样将水槽及料理台设计在这一侧，可加强与餐厅的互动，而将电器及炉灶放在靠墙一侧，才能专心做事。

方案 3

餐厅＋厨房，电卷门隐藏炉具

将原本 20 多平方米的客厅及餐厅，以及仅 6 平方米的厨房重新安排。将原有厨房改为储藏室，而把厨房空间设置在餐厅。所有家电设计放置在靠墙的高柜里，并利用电卷门隐藏炉具，T 形中岛内有水槽及电陶炉，下方为碗盘收纳柜，做家事时再也不必面壁。

小贴士

5 平方米，也能有小中岛开放式厨房

占用客厅约 150 厘米宽的墙面，嵌入一套炉具，走道预留 90—100 厘米宽以免阻碍通往阳台的动线，然后再放入中岛餐桌。中岛下方设计收纳柜，总共仅需 5 平方米左右的空间。若要嵌入水槽，则中岛可再做大一点。

14

不同的后阳台应该怎么规划？

文——李宝怡　图片提供——尤哒唯建筑师事务所、大湖森林设计

解决方案 长形阳台 · L 形阳台 · 方形阳台

关于后阳台的规划设计，在一般室内设计书里都极少着墨，原因是在空间规划时，如果空间不大或预算有限，会先将这部分牺牲掉。

如果条件受限阳台不能外推，一般一面是女儿墙（特指将阳台围起来的矮墙），另一面则为通往厨房的出入口，也因此后阳台能运用的空间仅有两面墙而已。而这中间又涉及电表、水表及燃气管线、水电管线的配置等，使得这后阳台小小不到5平方米的空间，却塞满了各式各样的东西及电器，让人无法回身使用。甚至有些人家里的后阳台还阴森森的，让人都不想靠近。

到底要如何将洗衣机、热水器、水槽、居家修缮工具、洗衣液、柔顺剂、领口清洁剂、扫把、拖把、水桶等各归其位，又让人方便取用，就考验居住者的规划能力及巧思了。

就整个收纳机制来说，长形及 L 形的阳台较好规划。只要将用水区域集中，包括洗衣机、水槽及热水器等，其他空间即可拿来做收纳，但记得要留出最少75厘米宽的动线。若有晾晒区，则建议采用及腰矮柜，以免衣物在升降中沾染灰尘。另有完整墙面处则可以拿来收纳像拖把、扫把及梯子等长形物品。至于方形阳台，其实能使用的空间很小，建议沿垂直面发展，比如可将烘衣机与洗衣机叠放，或采购洗烘脱三合一机器。若无法再安装水槽，则建议厨房水槽别离太远。

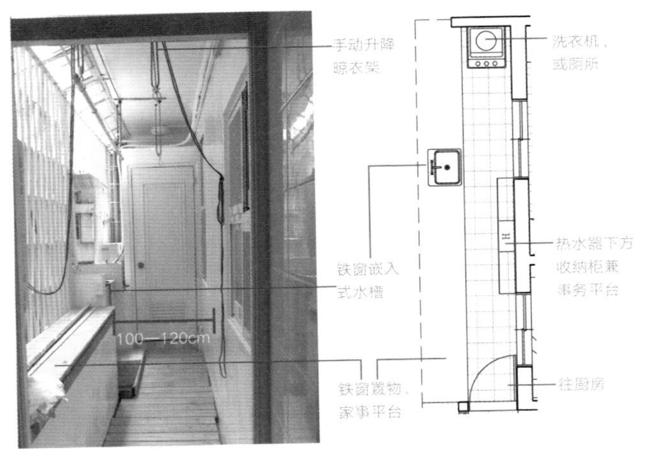

长形事务阳台规划

以长约 300 厘米的长形阳台来说，在一面开窗另一面为女儿墙的情况下，建议将用水区域集中在底端，像洗衣机、水槽及热水器都集中在靠里的位置。然后沿着室内墙面规划收纳用矮柜，或是利用老旧公寓的铁窗规划事务平台。铺上南方松地板，即使是事务阳台也能有休闲感。

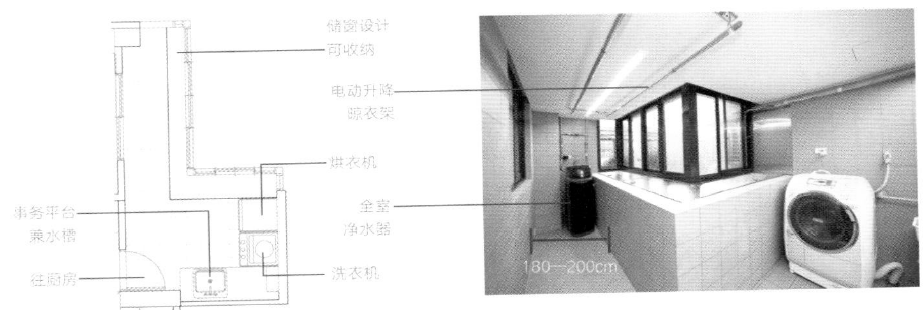

L 形阳台的规划及配置

能拥有 L 形阳台是非常幸运的，因为往厨房的动线在 L 转角处，因此一出来，往右或往左都可规划空间，变化较多元。像是可以依管线将洗衣机、水槽及热水器都集中在此，并将事务平台及清洁用品收纳规划在一起。另一边则可以放置其他设备，如净水器、中央除尘系统等，或将扫把及拖把放在此处，就不易相互干扰。

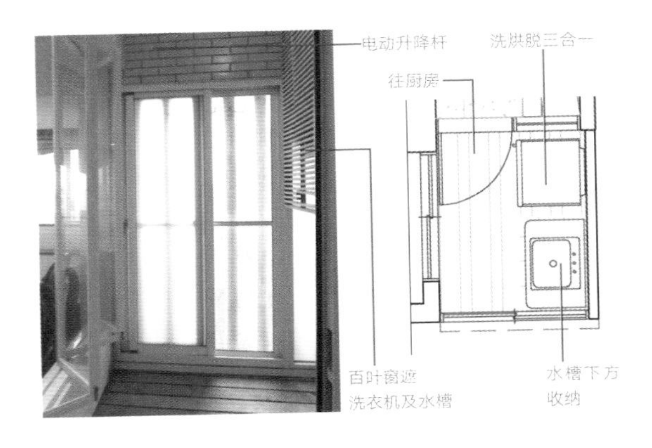

方形阳台的规划及配置

方形阳台可运用的空间是所有阳台中最小的，而像左图中仅 2 平方米左右的面积，但其中三面分别被对外女儿墙、窗及通往厨房的入口占掉，因此只有一面墙可以使用，只能优先规划洗烘脱三合一机器及水槽。收纳空间集中设置在水槽下方。另铺上染色的南方松地板，让这里也有休闲的氛围。

15

怎么让我家后阳台变好用？

文———李宝怡　图片提供———尤哒唯建筑师事务所、郭文丰建筑师事务所

解决方案 节能照明・飘窗储窗・升降晒衣架・靠墙收纳・水设备同侧・工作平台

只要经常使用就知道，扮演着晾衣及洗衣功能的事务性后阳台，要放的东西真不少，包括洗衣机、梯子、五金工具、清洁衣物的产品、扫把、拖把、水桶等等，都会放在这个小小的空间里。一旦东西摆放位置不对，做什么事都会不顺手。因此，规划一个好用的事务性后阳台，不但可以在这里眉开眼笑地做家事，若再多点规划，如架高木地板、做围篱及花架等，还可以争取休息的空间。

但这么多东西该怎么规划呢？明亮的空间是一定要的，LED灯的架设让阳台不会阴暗。建议安装自动或手动式晒衣架，可以轻松又安全地晾衣服，不用因为要经常伸长手臂或脖子而肌肉酸痛。尽量将洗衣机及水槽设计在同一侧，方便处理领口或袖口等细部衣物清洁。水槽最好要有冷热水，冬天洗衣不怕冷。若有烘衣机，建议架设在洗衣机上方，但要注意使用高度。下方也可收纳洗涤衣物的各式清洁剂。接着再好好利用零星空间、靠墙收挂，让阳台走道维持约60厘米宽的顺畅动线。这样清清爽爽且明亮的后阳台，让人不喜欢都不行了。

T5 灯管或 LED 灯，节能照明

使用 T5 灯管或 LED 灯，让照明更节能、更明亮。

飘窗设计，增设收纳空间

高约 110 厘米的女儿墙结合气密窗的储窗设计，上面为事务平台，方便晾晒衣物，也可在此直接叠好衣服再收进屋内。下面增加储藏空间。

自动式升降晒衣架，省力晾衣

安装自动或手动式晒衣架，可以轻松又安全地晾衣服。

居家清扫用品靠墙收纳

扫把、吸尘器等靠墙面收纳，才不会占去室内太多空间。

方案 5

将用水设备规划在同一侧

将洗衣机、水槽及热水器规划在一侧，一来减少管线更改问题，同时在处理领口或袖口等细部衣物清洁上也比较方便。结合洗脱烘三项功能的设备能大大节省后阳台空间。

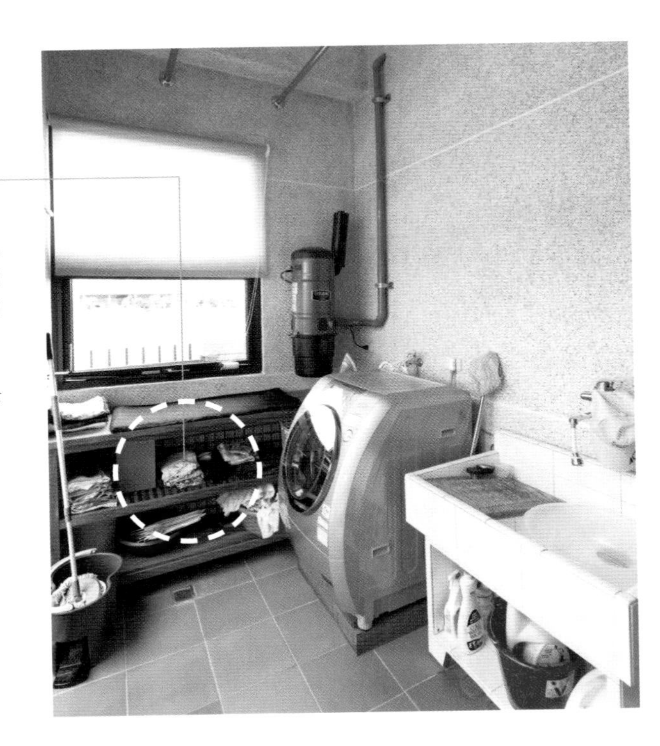

三层式工作平台，衣物分类处理

不妨将衣物整理的工作平台一起安排进来，从清洗到烘干、晾晒以及折叠、熨衣服都在同一空间完成。工作平台可选用三层设计，除了干净衣物放在最上层处理，待洗衣物与清洗工具都可以在下方分层收放。

16

阳台该怎么好好利用？

文——魏宾千、摩比　图片提供——尤哒唯建筑师事务所、德力设计、养乐多木艮

解决方案　长桌穿越式设计·延伸架高地板·荡秋千＋半圆桌·层板＋花台

一般建筑里的阳台其实包括了前阳台及后阳台，其中后阳台属事务间，摆满了洗衣机、晾晒的衣服及一些杂七杂八的物品，反观前阳台，多半会维护得比较整齐，最多放置鞋柜等物品。

受到建筑法规的限制，很多阳台无法外推，因此，不妨将前阳台与室内设计结合，为居家环境带来更多可能性。

最常见的，就是以木材重新包覆阳台的地面及立面，让整个空间看起来如沉浸在休闲的自然空间氛围里。并通过层板及女儿墙的花盆吊篮设计，植栽花花草草，让此处成为家人闲暇时亲近屋外绿意的一方园地。

又或者，一般前阳台总紧临出入大门，鞋子凌乱摆放会大大地给阳台印象扣分。此时可以试着更改阳台的动线，重新包覆进入阳台的门框，在阳台种植绿色盆栽，并试着将桌椅搬到阳台上。喝茶聊天泡咖啡，颇有身在巴黎左岸的气氛。

阳台可以采用南方松等具抗潮特性的材料，只是需要注意后续的维护。也可采用瓷砖，比如带地板木纹效果的石英砖，好清洗、不易受到破坏且生命周期较长。

长桌穿越式设计，阳台与书房结合

一道贯穿室内书房与户外阳台的三米长的悬空书桌，关键在藏在桌子里、利用杠杆原理特制的铁件，铁件固定于泥作外墙，然后用木材加以包覆。阳台保留原有的瓷砖，外观遵照建筑法规定未任意变动。木皮采用的是钢刷铁刀木，希望营造粗犷的原野风，和户外的绿意相衬，公私领域相连，营造充满绿意的舒适书写与阅读空间。

延伸架高地板，内外交融的休闲气氛

将室内书房的架高木地板延伸至阳台，连成一片。阳台改用南方松铺陈于壁面及立面，营造休闲自然的氛围，形成客厅的美丽风景。

荡秋千+半圆桌，享受午后阅读咖啡时光

利用南方松层板将原有的马赛克女儿墙扶手覆盖，再搭配木地板、秋千和可收纳的半圆桌，午后映衬着太阳余光，在此享受阅读及品尝咖啡的乐趣。

层板+花台，打造专属小花园

不加装铁窗，运用阳台的花台深度，以盆栽当作栏杆，隔出视觉上的安全距离，感受天光星辰时，就不会有铁窗的线条干扰。

17

想手洗衣服时，只能蹲在浴室地上？

文——李宝怡　图片提供——大湖森林室内设计、同心绿能设计

解决方案 斜角 45 度的洗手台・阳台飘窗内嵌水槽

贴身衣物或某些衣物的领口、袖口通常都需要手洗，但许多家庭没有多余的空间设置手洗槽，最常见的就是蹲在浴室地上，就着地板清洗。也因此手洗衣物对许多人来说不是那么轻松。

有些聪明的屋主或设计师会在后阳台设置一个不锈钢洗衣槽，位置和原先的用水区靠近，如洗衣机旁或客用厕所边，共用一个出水龙头，不必再牵管线。若不想在后阳台设置，浴室的洗手台可规划45度斜角，取代洗衣板的角色，充满一物多用的创意。

设计斜角 45 度的马赛克洗手面盆

在左图所示案例中，由于屋主的年纪较大，怕一般吊悬式水槽在结构支撑上有危险，所以以泥作方式砌出洗面台，并在水槽内设计 45 度斜角，以马赛克面砖取代传统洗衣板，让屋主能轻松手洗贴身衣物。

阳台飘窗嵌入水槽

如上图所示，将阳台飘窗的平台做成嵌入式水槽，不占原有的后阳台空间，其高度恰好方便形成一个可站立的洗衣角落。

18

我不管，
就想要书房工作室！

文——魏宾千、摩比　图片提供——尤哒唯建筑师事务所、德力设计、大湖森林设计、匡泽设计

解决方案 玻璃屋・挑高上下铺・长书桌・床头板＋工作桌

当有机会规划自己的房子时，屋主最常要求的空间除了更衣室外，就是能放电脑及大量藏书的书房。更何况顺应信息时代的变化，很多人做起了自由职业者在家办公。面对这样的工作及生活需求，书房工作室也就应运而生。

书房工作室采用密闭式还是开放式，得视居住者的使用习惯而定。有人工作时不喜打扰，建议用密闭式；有的人不喜欢太过封闭的空间，希望能跟家人互动，便可以利用镂空的柜子、长形书桌区隔，定出小书房的范围。设计师们表示，这就是所谓的“附属于主空间的弹性空间”，或是“既独立又能支持其他空间的空间”，更是一种“主从关系”的空间演绎。

万一公共空间真的已经无法挤压，可利用卧房临窗的空间，将矮隔墙、梳妆台、书桌整合成“三合一”的设计。但如果卧房不是单人使用的空间，就必须考虑到半夜开灯工作是否会影响他人睡眠的问题。要慎思。

无论书房是独立空间还是与其他空间结合，建议选用能舒缓神经、定心安性的建材，像可擦拭壁纸与秋香木皮、铁刀木等。若是设置在卧室，则选择淡色系，有助于睡眠。

玻璃隔间 + 窗帘，独立书房兼具开放和私密

让书房就像是一间玻璃屋，180 厘米的长桌可以支持各种活动，桌子底下可用于收纳。加上落地帘，还可用作客房。玻璃隔间的设计，关起门是密闭空间不受打扰，但必要时仍可与家人产生互动。

利用挑高空间，上层床铺、下层书桌

在才 60 多平方米的小空间里，若是平面配置，可能连房间都没有多大。这种情况下，可善用 3.6 米的挑高空间，通过垂直设计，将睡眠区设计在书房上层，让空间运用更充裕。

以大长桌区隔开放式书房

不做隔间，以长桌区隔客厅及书房，可一边看电视，一边操控电脑，甚至可以将网络视频投射到电视屏幕上观看，这也是近几年空间设计的主流。也十分适合有孩子的屋主，在做家务时，可同时观察孩子的上网情况。

主卧床头增设书房阅读区

在主卧床头板后设计一道矮隔墙，还可以同时作为梳妆台跟书桌。120—150 厘米高的矮墙设计具遮蔽效果，又不会有压迫感，更可减轻睡眠与上网两个行为的互相干扰。书桌的深度要视空间动线而定，最好是 40—60 厘米，才不会影响 80 厘米宽的座椅及走道动线。

小贴士

架高木地板，边桌当书桌

要放电脑的书桌最怕移动，因此利用架高木地板搭配边桌的设计，让这个弹性空间变成家人的书房和支持家庭聚会的活动区域。远方亲友来家里做客，留宿一晚也不怕没地方睡。

19

在家当SOHO族，工作室怎么规划？

文——李宝怡　图片提供——杰玛设计、大湖森林设计、尤哒唯建筑师事务所

解决方案 单人一字形·洽谈会客型·多人L形

在家工作是很多人的梦想。一旦梦想达成，到底要怎么把家里好好规划一下呢？所需的东西又有哪些？

在家工作的定义有两种：一种是老板要求员工在家工作；另一种则是SOHO族，也就是自由职业者。无论是前者还是后者，为了拥有专注力与效率，工作空间必须得和家里其他空间独立开来，区隔公私生活成为相当重要的事。

家中的工作空间大小若以一人工作室、桌椅靠窗台的设计来估算，最小也要有5平方米左右才能容纳相关工作资料；若需招待客户，则建议最好有6平方米以上的空间，以容纳沙发及茶几等方便谈事情的家具。在空间的色彩搭配上，白色及深褐色等中性色会比较容易让人冷静。若工作空间收纳需求较大，可采用实墙隔间，若仍希望与家人有点互动，可采用视觉上可以穿透又不被打扰的玻璃隔间。

面积最小的 一人工作室

书桌及书柜全部靠墙的设计最节省办公空间，而桌子的长度最好有150—200厘米，深度约同一个手臂的长度，60—90厘米，以便容纳更多办公用品，如笔、电话、电脑、便利贴、台灯等。靠墙空间多被规划成上窄下宽的书柜，上层陈列与行业相关的书及文件数据，下层的台面则放置复印机、音响、路由器等，台面下的柜子则放置杂乱的物品。

需会客的 工作室规划

若因工作需求必须跟客户约在家里沟通，建议将书桌置于中间较佳，并且在桌前放上座椅，方便面对面讨论。沙发和茶几的组合则更正式。电脑建议放在右手边，方便操作，且桌面使用范围也较大。不过，此空间需6—10平方米。

多人同时工作的 L形办公区

若有多人使用的需求，L形工作桌是不错的选择，互不干扰，但必须有12平方米左右的大小才能实现。而墙面可以设置相同风格的高书柜或矮柜、杂志柜等，将收纳量做到最大。

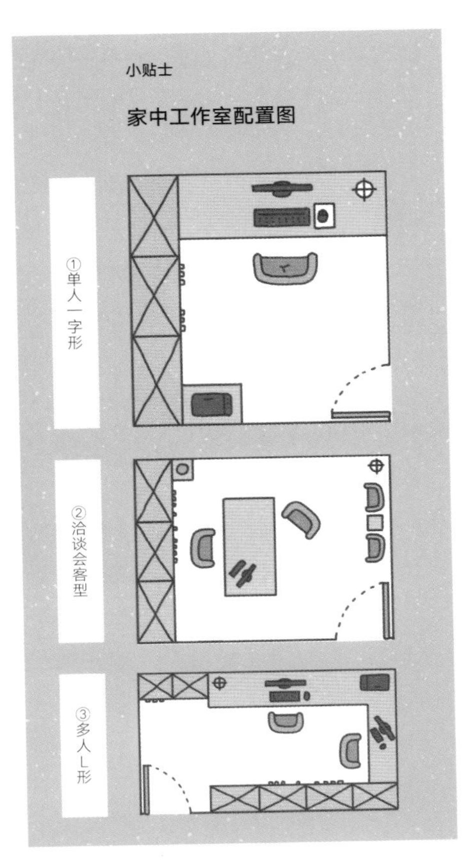

20

电子设备太多，如何安放？

文——魏宾千、李宝怡　图片提供——尤哒唯建筑师事务所、杰玛设计

解决方案　书桌 + 电脑桌 · 电源供应与开关 · 事务机整合

这年头不只是工作，连生活也离不开电脑及网络。即便下了班回到家，很多人仍然黏在电脑前。笔记本电脑的优势是可以随处移动，因此问题不大，把插座位置设定好即可。但若是重度电脑用户，对电脑及电子产品要求高，可能大型设备较多，如何规划就成为重点。

书房便是最好的规划地点，书桌设计随之便成为重点。在空间许可下，尽可能给自己一张大桌子以方便工作。原则上，书桌的深度以60—80厘米为佳，放置电脑显示屏及键盘不会觉得拥挤。若不得已要把书桌的深度控制在50厘米以内，则建议在书桌下方设置键盘抽屉，以节省桌面的使用空间。

宽度可视空间而定，但以一个人而言，90厘米以上的使用空间较舒适。书桌台面高度则以东方人160—175厘米的身高来计算，80厘米是建议的台面高度，但实际状况必须考虑电脑屏幕大小，一般人坐下来，视线最好能落在屏幕的正中央至屏幕的上缘之间。

另外，网线、电话线、桌灯等电源供应与开关也要留意，可将笔记本电脑、iPad、手机、相机充电器等的插座设计在书桌的插座沟槽里，看起来才会美观整齐。书桌下也要留插座，主要给电脑主机及屏幕使用。另外要记得规划打印机、扫描仪、防潮箱等的位置，能与书柜结合最好。

关于灯的设置，应以电脑屏幕的位置为主，建议买能调整角度且有高频电子安定器的桌灯。

方案1 书桌兼电脑桌的配置规划

原则上书桌深度 60—80 厘米为佳，放置电脑及键盘不会觉得拥挤。若少于 50 厘米，则在书桌台面下设置键盘抽屉。书桌长度视使用人数而定，若 2 人的话，180—240 厘米为佳。另外，抽屉高度不宜太高，以 12—17 厘米为佳，才不会撞到腿，放置账单或个人资料也好找。

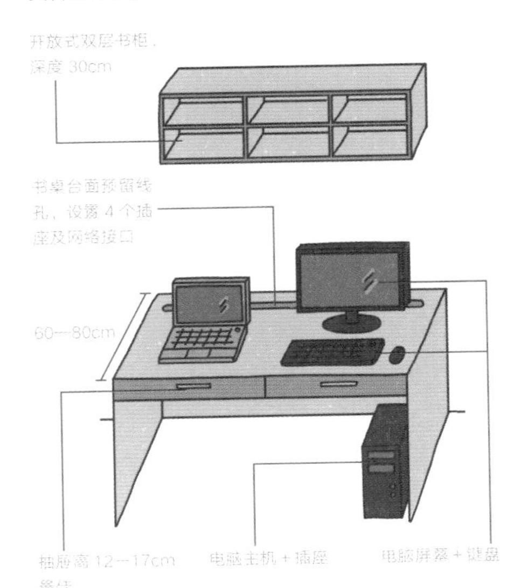

方案2 线槽设计，把电脑和其他电子产品的电源隐藏

因为现在的电子产品实在太多，电线一堆，建议不妨在桌面设计一个宽 12 厘米的加盖线槽，搭配插座，方便未来笔记本电脑、手机、相机等都能在此充电使用。另，书桌下方也要设计插座及网线接口，主要给台式电脑的主机使用。

方案3 打印机、扫描仪、防潮箱及书柜一并考虑

如果电脑桌够大，可以将打印机、扫描仪等都放在书桌上，防潮箱放在桌底下，方便使用。万一不行，可以考虑与书柜结合，收纳在一起，才会让空间看起来清爽、宽敞、舒适。

21

猫猫狗狗也想舒适地和主人一起住到天长地久

文——摩比　图片提供——德力设计、杰玛设计

解决方案 专属收纳 · 卧铺设定 · 紫外线杀菌 · 宠物通道 · 如厕区

饲养宠物的现代人越来越多，忙碌的工作之后，最期待的就是回家看看自己心爱的宝贝宠物。当家里有了宠物，而不再只是属于人的单纯居所时，装修所需考虑的问题更加广泛。

宠物空间的设计必须视宠物类别与特性而定。一般来说，常见的猫狗空间可依其特性注意趣味度、舒适度。将宠物属于长毛或短毛纳入考虑，如是长毛，家中建材的选用以亮面好清洁为前提，短毛选用限制较少。家具避免选择藤编、真皮、布料等材质的沙发，容易被猫抓咬或用来磨爪。

关于狗窝或猫篮的选择，自然材质较佳，如竹、木等，最好在窝内放些干净的旧毛毯、厚毛巾等，并每周定期清理换洗。位置考虑避开家人经常走动的空间，也别放在太通风处，否则宠物容易感冒。另外，想要猫猫狗狗不在家里随地大小便，就要为其思考如厕的动线及便利性，如厕的地点多半会设定在厕所或阳台，因此这两处的门要设置其专属的出入口。

在宠物休憩睡卧空间的周边，可增加宠物用品专属收纳柜，甚至可以在收纳柜下方或睡铺的上方增设紫外线杀菌装置，在宠物离开时打开进行清洁。养猫人士别忘了在家里设置猫咪的专属通道，或在高处设置猫咪可以窝藏的地方。

设置宠物用品的收纳柜

可将悬空设计的收纳柜下方规划成宠物睡房，上方则用来收纳宠物用品，像粮食、玩具、清洁杀菌用品、衣物及项圈等。

猫狗专属的睡眠卧铺

狗窝及猫篮应选择易清洁的材质，以竹编最佳，若选塑料和铁质，则要避免在阳光下曝晒。

增设紫外线杀菌装置消毒清洁

养宠物最怕的就是出现跳蚤、螨害及寄生虫等问题，建议在睡卧区设置紫外线杀菌装置，当宠物离开时，可以启动清洁杀菌。

设置宠物专属通道及动线

在家里设置猫狗专属动线。比如猫喜欢在高处走跳，不妨设计跳板及高处洞穴，还有狗进出室内外或厕所、阳台的专属狗洞。

小贴士

我适合养什么猫狗？

主人类型	狗的类型	猫的类型
丁克族	德国牧羊犬、阿富汗猎犬、藏獒等独立性超强的犬种	狸花猫、孟加拉国猫、阿比西尼亚猫也具备相对独立的性格
家有小朋友	拉布拉多犬、哈士奇、比熊犬、吉娃娃犬、西施犬等个性温和的犬种	布偶猫、美国短毛猫、异国短毛猫
家有老年人	贵宾犬、博美犬、约克夏梗犬、巴哥犬、松狮犬、大白熊犬、苏格兰牧羊犬等	波斯猫、俄罗斯猫、苏格兰折耳猫、英国短毛猫、异国短毛猫

如厕区要在固定位置

最好先把猫猫狗狗的如厕区固定下来，猫用猫砂，狗可在厕所用报纸养成习惯。如厕的地方建议一定要跟睡眠区及饮食区分开。

22

如何安排
心灵寄托的空间？

文————摩比、李宝怡　图片提供————德力设计、大湖森林设计

解决方案　确认方位・成为空间艺术・抽盘式平台・打造风格墙

有些人，特别是很多长辈相信神明，因此在家供奉佛像等神位作为自己的精神寄托，但传统的神明桌设计与现代流行的居家风格格格不入，让很多年轻人却步。在设计师的协助下，神明厅也可以完美融入空间设计中，来看看他们是怎么做到的。

神明厅的安设，最好面向落地窗或大门外采光良好的地点。神明厅后面要有水泥实墙，不能是隔间。不能靠楼梯或柜子，也不能靠卧房、厕所、厨房，同时要避开压梁、壁刀、角冲、秽气等问题。神明桌一定要稳固。如果有点香的习惯，神明厅上方附近一定要装排烟设备，并注意是否通风，必要时也可安装全热交换器。电源供应方面，建议以环保为前提，改用LED灯或放电池的LED烛台。最好在神明桌附近规划神佛器具的收纳空间，方便使用。

先确定方位及尺寸

因为是要供奉神明的地方，因此有些人会先确定神明厅的位置及方向，然后再进行设计规划。神明厅背面要实墙，且面向落地窗或大门外等采光良好的地方。

神明厅也可以是空间的艺术品

将神明厅嵌入电视墙内，对外视线不可被阻，运用建材配色加以整合，创造不突兀的空间美学。柜子上方打灯投射，让神明厅仿佛空间里的艺术品。

方案 3

抽盘式祭拜平台，展示、收纳都方便

舍掉传统的厚重的神明桌，改用隐藏在神明厅正下方的抽盘，需要时拉出放东西祭拜，不需要时收起来，不占行走的空间动线。下方则为佛家器具的收纳柜。

打造风格实墙，满足神明厅要求

将水泥红砖漆成白色的底，为神明厅建一座实墙，化解不靠楼梯或柜子，背后也不能是卧房、厕所、厨房的问题，同时也避开压梁、壁刀、角冲、秽气等禁忌。

天花板装排烟设备

若家里有点香拜拜的习惯，天花板一定要装设排烟系统，同时神明厅桌内的神明坐卧处的墙面，最好用玻璃做壁材，好清理。

Chapter 2

日常居住的烦恼

23

鞋柜总是有臭味？

文——魏宾千　图片提供——尤哒唯建筑师事务所、同心绿能室内设计

解决方案 格栅门·除湿棒·备长炭

鞋柜发出异味恶臭，最可能的原因是柜子的通风效果不好。鞋子长时间闷在一个密闭空间里，若再遇到雨天鞋子渗湿，柜子内部有如一个潮湿盒子，异味、发霉等问题将陆续来报到。

首先，提高鞋柜的通风度是最佳解决之道。建议采用木格栅设计，引导鞋柜与外部空间空气的对流，降低柜子内部的湿度，能有效改善鞋柜的异味问题。

其次就是除湿。一般人或许会用干燥剂，但往往效果有限，不妨在鞋柜内放置钢琴用的除湿棒，运用定时设定的方式，让鞋柜保持干爽，减轻异味的散发。除湿棒的原理是利用电能让棒子发热，促进柜子内外空气的循环对流，所以要安装在柜子底部。这种柜内除湿的方式也可以用在衣柜内。除湿棒整根摸起来温温热热的，像暖手包一样不烫手。除了安全，耗电量也很低，即便24小时都开着，每月在电费上也花费不多。

若是嫌通电麻烦，也可以用时下流行的备长炭，放置在鞋柜底部。当然，鞋柜门及层板最好有通风孔。

如果鞋柜的通风及除湿问题已获得改善，但鞋子仍不时散出异味，那么可能要从改善个人卫生习惯等方面着手，以免治标而不治本。

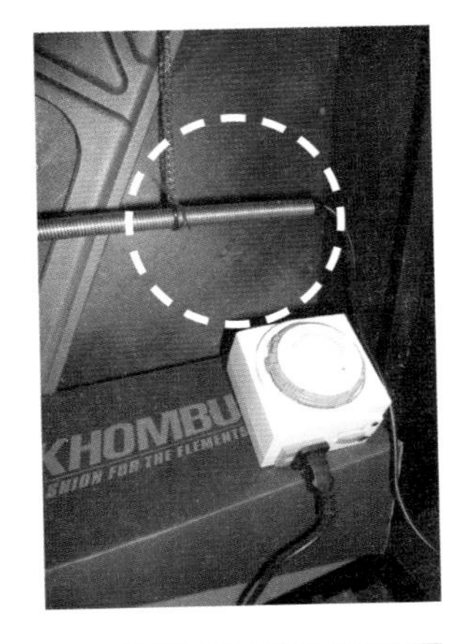

方案 2 除湿棒，衣柜鞋柜都好用

建议最好在规划鞋柜时与设计师讨论，预留除湿棒的电源开口。另外，如果鞋柜内还有层板的话，要把每层层板往外拉出一点，在柜子背部留条缝，对流效果更佳。若鞋柜的层板已固定为靠紧背板，则可以在每块层板上钻孔，最好连鞋柜底部也钻孔，这样，除湿棒的电线才能从底部外接电源，让潮湿空气不易进入，达到除湿的最佳效果。

方案 1 格栅门保持通风

鞋柜采用木格栅门，增强柜子内外的空气对流，是解决鞋柜散发异味的基本方法。除了格栅设计，百叶门也是不错的选择，同样能达到促进空气流通的目的。

方案 3 备长炭，平价简易去湿臭

在鞋柜内放置备长炭是时下最环保的除湿除臭方法。一般每两双鞋用大约 0.5 千克即可。使用时将备长炭用布包或篮子装放在鞋柜底部或角落，每 4—6 周就将备长炭拿出来晒一次太阳，每次晒 2—3 小时，可延长备长炭的使用寿命。

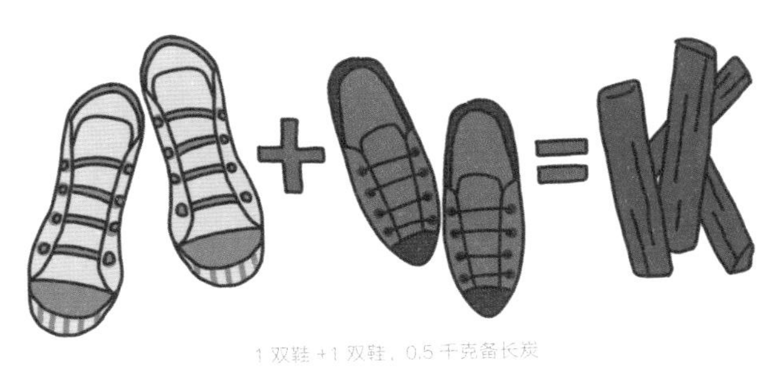

1 双鞋 +1 双鞋，0.5 千克备长炭

小贴士

用硅藻土涂料刷柜子内壁

硅藻土原属于海底藻类的遗骸，因为它表面有很多孔，可吸附空气中的醛类等有害物质，且能适度调节室内湿度，所以常被运用在室内墙面上，也可涂抹在柜子内部。

24

出门前总
找不到手机及钥匙？

文————魏宾千　图片提供————尤哒唯建筑师事务所、杰玛设计

解决方案 进门层架＋浅盆・玄关置物平台・鞋柜小抽屉

出门前找不到钥匙及手机是很多人共有的生活经历。那种赶时间、急着出门的心慌无法不让人印象深刻，但同样的情况却常常发生。手机虽然用家里的固定电话拨打就可以找到，但若是被设为静音，会让人恨不得把整个家翻过来找。找钥匙更麻烦，该怎么办呢？不妨在门口设置一处收纳钥匙及手机的专用空间。

进出家门的玄关是最佳设置地点。一进门就随手放下钥匙及手机，要出门就随手拿起，收进随身包包。同时，由于手机有充电问题，因此建议在玄关柜的置物平台处设计好插座，方便手机随放随充。

至于钥匙，可考虑悬挂或平放两种方式，如在大门背后或一进门的墙面上规划集中收纳钥匙的层架或挂钩区域。市面上有不少充满设计感的五金挂钩可供选择，挂钩的高度在眼睛至胸腔之间最佳。如果是层架，设置在90—100厘米的高度最佳。

另外，可在规划玄关柜、鞋柜时，考虑带小抽屉、置物平台等设计的款式。无论是鞋柜还是玄关柜，其置物平台的高度在90—100厘米，最适合人体工学，取放物品也比较顺手。可以搭配格状收纳盒，出门就不会因找钥匙而忙得团团转。太阳镜、零钱、发票等随身物品也可以放置在此，不会轻易忘记。如果搭配漂亮的瓷盘或设计精美的浅盒子，让人放得安心，看得也更舒服顺心。

进门层架＋浅盆，放置随身物品

在进门处，设计一个高度约 90—100 厘米的层架平台，然后放置漂亮浅盘、盒子，可摆放钥匙等小物。

玄关柜中段挖空，创造置物平台

在鞋柜或玄关柜的中间 90—100 厘米高的地方设计一个置物平台，摆上专收小物的盘子或格状收纳盒，可随手放置钥匙、零钱及一些随身物品，久而久之成习惯，就不怕找不到了。

鞋柜小抽屉，借位收纳

若不喜欢在进门的地方设置层板或格子，则可以利用鞋柜的小抽屉来收纳钥匙。

小贴士

玄关柜整合穿鞋凳、仪容镜，出门更从容

玄关柜结合用镜门、镜墙等方式呈现的仪容镜，加上穿鞋凳，让人能以最舒服的姿势做出门前的最后确认。既能帮你摆脱忘东忘西的坏毛病，也能让你以最得体的打扮出门。

25

雨具及安全帽怎么收？

文————李宝怡　图片提供————尤哒唯建筑师事务所、养乐多木艮

解决方案 可调式层板 +8 厘米门片空隙・伞桶 + 挂衣架

如果日常骑摩托车出行，每天要使用的安全帽放在车上怕脏又不安全，放在家里又丑又占空间。万一遇到下雨天，雨衣、雨伞或雨鞋加进来，还真不知要放在哪里。有这样困扰的人，不妨在规划玄关鞋柜时将这些问题一并纳入考虑。一般玄关柜分为三种：180—220厘米高的系统高柜、双层柜以及100厘米高的及腰鞋柜。用对开式，内部分两部分，每隔15厘米做活动层板来放置鞋子，若有高跟鞋，层板可以调整。安全帽则可放在及头的高度，方便拿取。

若是一般的系统高柜，建议层板及门之间预留空隙，一方面方便柜内空气对流，另一方面也可以在门后设置挂钩，高度最好距地面120—130厘米，可以用来挂雨伞及雨衣。记得，门内最好留有通风孔。

若双层柜或及腰鞋柜，可以在临玄关柜的墙面上设置挂钩，挂置雨伞及雨衣，或是放置伞桶。但要注意，玄关地板最好是可吸水排水的石材或瓷砖，并记得做泄水坡，以免雨水流进室内。切记，玄关千万不可使用木地板。柜子下建议预留20厘米高的空间放拖鞋，穿脱方便，就不会乱放了。

方案1 可调式层板 +8 厘米门片空隙，安全帽雨具顺手收

门口的玄关柜可以整合不同收纳需求。除了可以用来收纳鞋子，内部还可以直接设计横杆摆放雨伞，或是利用层板及门之间 5—8 厘米的空隙设置挂钩，解决雨伞及雨衣披挂的问题。至于安全帽，收纳高度需要 30—35 厘米，位置与头平行即可。

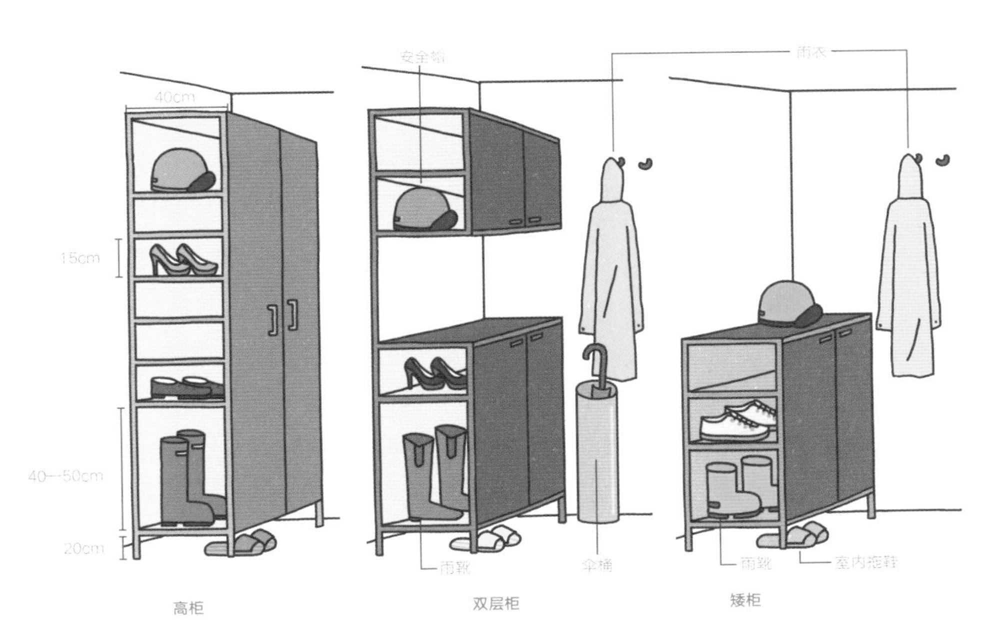

高柜　　双层柜　　矮柜

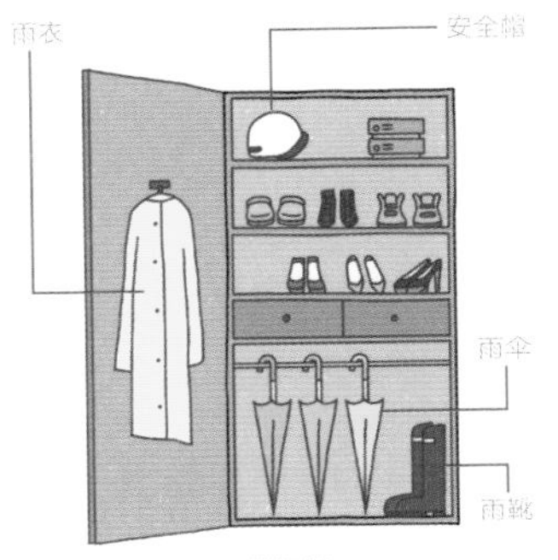

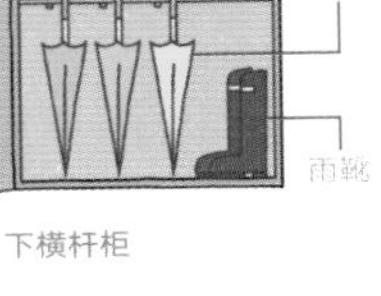

下横杆柜

方案2 阳台墙面，伞桶 + 挂衣架，风干兼收纳

全覆式安全帽还是建议收在柜内比较适合，若是半覆式，可以跟雨衣一样挂在与玄关相邻的墙面上，但切记，地板不能使用木地板或石英砖，建议用吸水力强的复古砖、不怕水的南方松等材料。

26

乱七八糟的
账单发票怎么收纳？

文——李宝怡　图片、空间提供——杰玛设计、尤哒唯建筑师事务所

解决方案 入门账单柜，把发票放在明显处提醒

不妨在玄关设置一个账单柜。一进门就将账单、收据等都拿出来，放在玄关柜的固定抽屉里，每星期整理一次。出门时，打开抽屉确认一下有没有重要或待缴单据。

如果是健忘的人，那么抽屉式整理法就不适用，可改用更显眼的方式处理。在家里设置一个磁铁留言板，运用强力磁铁，将每天的账单及发票陈列其上，有提醒的效果。

方案 1 在门口设计账单柜

在门口设置一个专属的账单柜，每星期固定一天或一个时间整理一次。

方案 2 设置好用的磁铁留言板

在平时常走动的路线旁墙面上设置磁铁留言板，搭配文具店购买的磁铁，将账单发票归类，贴在留言板上。

方案 3 善用智能手机的提醒功能

智能手机本身就有提醒功能，如果觉得不好用，还有多种提醒类手机软件可供选择。

27

遥控器太多好麻烦，一转身就找不到了

文————李宝怡　图片提供————太和光股份有限公司、成大 TOUCH Center

解决方案 智能家电手机整合 · 手机变身万用遥控器

拜智能手机所赐，一直以来家里遥控器过多的问题，如今都可以用一部手机解决。试想，下班回家前，你就可以先通过手机远程开启家里的空调，回到家之后，坐在沙发上就可用手机操控电视、开灯、关窗帘，甚至可以通过安全监控系统，在手机上随时掌控家中动态，多么方便。

方案 1 安装数字家庭系统，用手机整合家电设备

数字家庭系统借控制面板及几个简单按钮，将灯光、窗帘、空调、影音视听系统、门禁保全系统，还有洒水设备、电力控制、远程监控等做整合，智能手机联网后可以下指令控制主机，开启这些设备。

方案 2 智能手机，变身万用家电遥控器

智能手机除了可以控制电视，也可以通过应用软件将家用电器整合以统一控制，比如 THLight（太和光）公司推出的 Lazy@Home，即使换家电，只要将产品型号再输入一次，就可继续使用。

28

想一回家就
拥抱一室的幸福感

文——摩比、李宝怡　图片提供——德力设计、尤哒唯建筑师事务所、AmyLee

解决方案 LED 柔光条 + 定时器 · 光控控制器 · 定时启动家电

什么是幸福？就是在外工作了一整天，回家打开门，有温暖的灯光、热热的饭菜，以及带着笑脸的家人迎接你，让你能把一天的不愉快都抛到脑后。如果回家面对一室的昏暗及冷清，疲惫的人心情会更加低落……

其实想要回家被一室的幸福感迎接，是可以通过环境营造的。首先是一进门的温馨感，可以在玄关选用带传感器的灯具。玄关是每个人回家时最先看到的地方，玄关的灯光设计就决定了家的氛围。光不仅是照明与氛围的塑造者，有修饰空间线条的作用，更是生活动线的引导者，特别是家中有老人或小孩时格外重要。最简单的方式就是购买室内用的红外线LED感应式灯具，安装在玄关处，有人出入时会在20—30秒中亮起与灭去。如果不喜欢这类计时型的，也可改用节能LED柔光条所做成的微光装置，安装在鞋柜上下当间接照明，在你到家后给你一个温柔的拥抱。

除此之外，还可以在客厅沙发旁设置辅助照明的特色吊灯或立灯，搭配定时器，设定在你固定回家的前5分钟亮起，不但可作为修饰空间氛围的照明设计，更为空间带来人情味。也可以在客厅临窗的灯具上加装光控控制器，主要感测室外昼光，当太阳下山或变天，房子内感应不到阳光时，室内的灯会自然亮起。

至于热热的饭菜，建议选择有定时装置的电饭锅或烤箱，在出门前先将饭菜准备好，即便一个人，回家也可以吃到热腾腾的饭菜。

方案 1 LED 柔光条 + 定时器，一进玄关就自动感应

在玄关的鞋柜上下安装节能的 LED 微光装置当间接照明，结合定时器，让你一开门即可看见若隐若现的微光，柔和不刺眼。

方案 2 灯光搭配光控控制器，夜晚客厅也温馨

如果还想更亮一点，除了玄关，建议在客厅也留盏立灯，结合定时器，以局部照明的方式点亮客厅的角落，带来温暖的感受。还可以在临窗处的灯具上加装光控控制器，根据室外光线明暗度变化，自动控制周围灯光照明之开关，可确保当太阳下山时，家里灯光会自动亮起。

方案 3 挑选有定时功能的家电，回家就有热饭吃

想要回家就有热饭吃，家电最好选择有定时功能的，在出门前先将饭菜处理好，设定好启动时间。即便一个人，回家也能立马享用热腾腾的饭菜。

小贴士

如何把普通电饭锅变身定时电饭锅？

想一回家就吃上饭？用电子定时器就可以将普通电饭锅升级成定时电饭锅了。操作也很简单，设定好定时器启动时间，插入插座，再把电饭锅插头插入定时器，把米洗好放入，若有其他的蒸式料理也一并放入，一回家就可以吃了。

29

怎么清空椅背，别再让外套挂得满满的？

文——李宝怡、摩比　图片提供——尤哒唯建筑师事务所、杰玛设计、养乐多木艮、德力设计

解决方案 衣鞋分隔法 · 挂钩与层板 · 衣帽架 · 衣帽柜

相信这个问题正困扰着不少人吧？每当把椅背的衣物收拾完，过不了一天，椅背上又会“长”出不少外套。若不管它，没两天就把椅子给淹没了！尤其是公共空间的单人沙发椅背及餐厅的餐桌椅背，令人伤透脑筋。而且除了外套，有时还会出现包包、塑料袋、毛巾等，让椅背不堪负荷。到底有什么解决方法呢？

或许你可以说：那就选没有椅背的椅子。但这治标不治本，“外套侵占事件”仍会在家里的某个角落发生，如沙发上。因此，最好的解决方法就是合理规划外套吊挂的适当位置及动线。

一般人在考虑收纳问题时，都会预设把衣物都收进个人私密空间，如更衣室或卧室，但是每天外出要穿的外套不像贴身衣物，并不需要每天更换或清洗，因此一般人回家后不会进自己房间才脱掉，而是一进门就自然而然地脱掉，若此时没有可以收纳外套的地方，很容易就会随手挂在椅背上，待出门时再拾起穿上。建议在玄关规划一个专挂外套及包包的区域。传统会运用挂衣架或大门后的空间，但因外露关系，需要特别注意整理。若有足够的预算，还是建议在玄关规划一个柜子，用百叶门或其他通风性好的门遮掩。

当然，若是玄关空间足够，完整的衣帽兼储藏间可以让收纳功能更强大，但需要至少3平方米的面积，其中宽度至少要有140厘米。若双面都要放置衣物，则宽度至少需要200厘米才有足够的活动空间。衣物一进门就有地方放，当然也不易挂满椅背了。

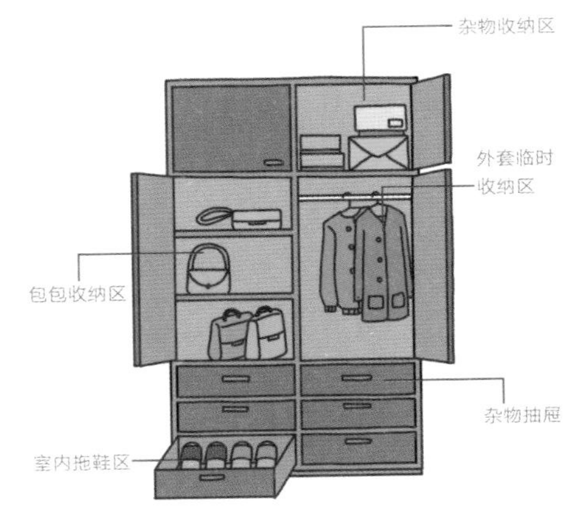

方案 1

衣鞋分隔法，鞋柜内规划挂外套的空间

想在鞋柜旁增加衣物吊挂空间，要注意与鞋柜的分隔，以防鞋子的臭味染到衣服上。一般来说，衣物的肩宽约 60 厘米，同时为了视觉平整性，会将鞋柜深度从 40 厘米增至 60 厘米，这样能挂比较多的衣物。万一受限于空间深度，可将衣物收纳改为正面吊挂方式，但拿取不方便，可挂量也较少。至于高度，因考虑大衣的收纳，建议至少要有 120 厘米。

方案 2

挂钩与层板，门后空间好运用

若空间真的不够放置衣物，其实还有一招，就是善用大门后的墙面及挂钩，这在欧美的家居杂志里也很常见。外套、包包，甚至钥匙、雨具都可以收纳在此。但要注意的是，这种外露式的临时挂衣处要不定期整理，以免显得杂乱。

方案 3

入口处衣帽架，善用小空间合并法

若是鞋柜空间不足，也可以在一进门的零星空间里规划好挂衣服的地方，方便自己的同时也方便客人来访时挂置外套。但由于是已穿过的衣物，因此建议挂衣处通风良好，而非密闭空间，这样不易产生臭味。

方案 4

也可在客餐厅动线上设置衣帽柜

若玄关空间不大，也可以把衣帽柜改至公共空间里与玄关串联的动线上，像是客厅、餐厅的转角处等。衣帽柜的整体高度最好控制在 160—170 厘米，适合摆放大衣。不建议选择“顶天立地”这样容易产生压迫感的高度。

30

只有一台电视，如何让所有空间都能看到？

文——李宝怡　图片提供——尤哒唯建筑师事务所、杰玛设计

解决方案 360 度旋转电视墙 · 可滑动电视墙 · 180 度壁挂电视架

你们家有这样的困扰吗？明明有餐厅，但每到吃饭时间，全家人捧着饭碗，夹了菜，都窝在客厅的沙发上看电视。餐桌沦为放菜的吧台，一点作用也没有。

有人会说，要不在餐厅也装一台电视，大家就会回餐桌吃饭了。但说得简单，在餐厅加装一台电视不但要花钱，还要想办法安装在合适的地方，如果空间小，更是挤不出多余的地方。这时，会旋转的电视墙成了救星。

早期，设计师会利用活动式电视柜及转盘解决客厅及餐厅共享同一台电视的问题。但受限于管路及电源线，只能立点旋转，且旋转至300度便是极限。近年来，渐渐发展出能360度旋转的液晶电视墙，甚至还有将电视与活动式拉门结合的设计，让每个空间都能使用电视。

设计师表示，这种设计在施工时，必须事先将所有电源线和网络、电视线一并考虑进去，并决定悬挂电视的高度及位置，以方便电工先行开孔，且开孔不宜太小，以电源线可以穿过为宜。同时在开孔处，要有防止长期摩擦电线的封边材料，以防止电视机的经常旋转磨损电线。除此之外，还要注意电视墙与天地的接合是否稳固，旋转的幅度与四周动线是否吻合。

悬挂电视的部分，则可以利用木板及铁件结构做底板，让结构更稳固，只是要注意平衡的问题。施工完成后，要测试铁件及电视旋转的灵活度。如此一来，每到用餐时，就可以转动电视机的方向，让全家人坐在餐桌前好好地吃一顿饭了。

360 度旋转电视墙，绕着空间看电视

以不锈钢管作为电视墙的支柱，并放置在客厅、餐厅等空间交接的区域里，以不影响动线为主。在安装内含旋转轴承零件的立柱时，除了将所有管线置入外，还必须以坚固的水泥地面做基座，不建议锁在木地板或瓷砖上。另外，天花板因无法预埋铁件，建议用铁板作为圆柱结构锁上，并加上盖板隐藏螺丝。

可滑动电视墙，一台电视走遍全家

从客厅经由厨房再到主卧的滑动式电视墙，以铁件为外部骨架，再合进壁挂式液晶电视，才能有足够的支撑力。由于采用上轨式滑动，内部线路设于上方的伸缩杆内，再串联至电视，滑动距离约 10 米，因此必须要有足够的空间才能使用。

180 度壁挂架，客餐厅及书房同步观看

利用悬臂式壁挂架旋转电视，可左右摆动 180 度，因此可依据空间特性及距离调整至最佳的位置观看。只是悬臂五金厚度约 7—8 厘米，建议在设计时在电视墙上预留约 10 厘米的凹槽以内嵌电视，如此一来，在旋转或平视液晶电视时才不会看到固定螺丝，更美观。

小贴士

平价电视转盘让电视机马上转

也可以不用装修就让电视转起来，买一个电视转盘就能做到。

31

家里有网络死角，怎么办？

文——李佳芳　图片提供——尤哒唯建筑师事务所、李佳芳

解决方案 无线路由器·电力猫

虽然电脑、iPad、手机等可以通过无线网络解决同时上网的问题，但家里还是有些死角没有网络信号，像厨房、厕所或双层住宅的楼上楼下。其实这时，只要用电力猫就可以解决。它利用现有电力线路传输数据，把“电线变成网线”，不需要额外布线，就能利用插座立即建立这个房间的基础网络系统，也可以解决死角及楼上楼下没有网络信号的问题。

电力猫通常需要准备一对或以上，购买何种规格要看使用距离。使用电力猫的好处是方便灵活，对于搬迁频繁的租房者，或喜欢搬动家具改变心情的人来说，可以试试这种方便移动的设备。

方案 1

平面楼层，用无线路由器解决网络布线

现在无线网络已经成为家庭必备，一般的无线路由器就可以解决多设备同时上网的问题。万一真的有死角收不到，可再加装电力猫来加大信号覆盖范围和强度。

不同楼层，可用电力猫

如果客厅的电视要调换位置，或是要在卧室加装电视等，就需要用到电力猫了。电力猫的背面是插座，下方有网络孔与配对钮。安装方法很简单，一组两个，只要将一个接上分享器，另一个接上机顶盒，按下配对按钮就能建立回路，还能一对多使用。具体安装步骤如下：

①将机顶盒的网线接上电力猫。
②将电力猫插上邻近插座（不能插在插线板上）。
③另一个电力猫则接上路由器。
④长按配对按钮 2—3 秒，5 分钟内长按另一个，即配对成功。

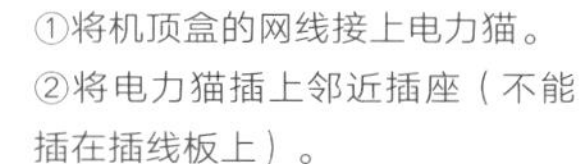

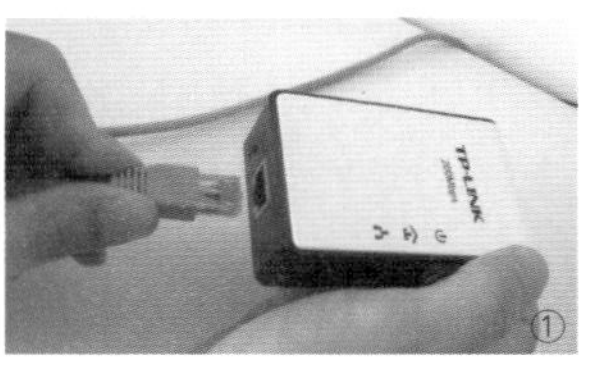

①

②

③

④

小贴士

电力猫安装注意事项

① 配对的电力猫必须插在同一个电线回路的插孔上。
② 若使用一对多，停电超过 5 分钟可能会配对失效，必须重新设定。

32

有没有让我家衣柜不塞爆的办法？

文——魏宾千、摩比　图片提供——尤哒唯建筑师事务所、德力设计、大湖森林设计、杰玛设计

解决方案 L 形墙柜 · 开放式层板 · 薄抽屉

衣物多到塞满衣柜，怎么藏、怎么收都快溢出来，柜门都快关不上，房间看起来也很凌乱。

其实很多人喜欢步入式衣帽间的设计，误认为这样可以收纳更多衣物，但事实上，以相同面积的橱柜收纳来计算，步入式衣帽间还必须预留走道的空间，所以有时收纳量还不如依墙规划的衣柜大。其次就是橱柜内部如何规划的问题。除了吊挂衣物区外，层板可收纳的容量会比拉篮多，主要是因为不必再扣除装设滑轨会占用的约5厘米的空间。

设计师根据过往经验，总结出有吊衣杆、深度55厘米的衣柜最好用，也最方便分类与寻找衣物。如需规划抽屉，深度60—65厘米比较好。如走道宽50—60厘米，衣柜门可采用推拉门，如走道宽65—70厘米则可用平开门。门的宽度可控制在45—50厘米，因为这样最美观。设计师个人更偏爱带推拉门设计的衣柜或收纳柜，使用上更灵活。

如果想要大一点的收纳空间，可以在一整排深度60厘米的衣柜里进行更多空间变化。另外，将抽屉薄型化或格子化，可以用来放置领带、袜子、手表等小物，还可以利用壁面或门板增加悬挂空间。

其实最简单的方法，就是将衣橱改成开放式，挑选一块自己喜欢的布帘作衣柜门，遮挡拥挤混乱的衣橱景观，使用时又不影响拿取衣物的便利性。房间里多了一面落地帘，看起来就像帘子后有一扇大窗。

墙柜设计，L 形衣柜收衣物也能收家具

设计师将主卧两面墙都设计成衣柜，将其中一组宽 120 厘米的柜子，以 75 厘米的高度为界线分为上下两层——75 厘米恰恰是人们开门时手持门把的位置，可以轻易打开上层衣柜，省去非必要的五金。而下面的 75 厘米除了藏着一个“ㄇ”形桌，设计师还特别在桌子和下方的抽屉之间预留了 10—14 厘米高的空间，剩下的 50—65 厘米则恰恰是端坐在书桌前，将双脚放入需要的空间。

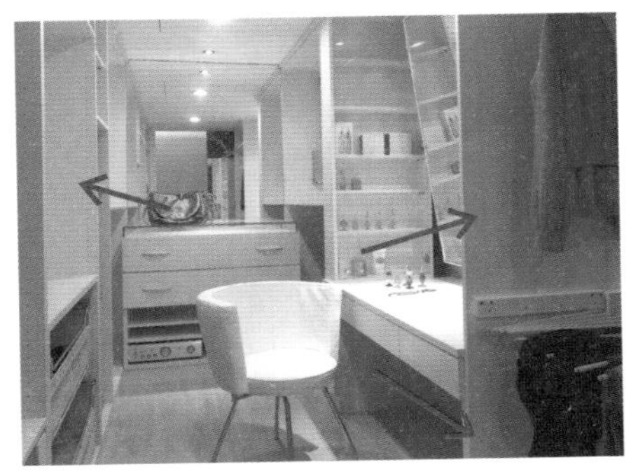

开放式层板收纳，比拉篮收得更多

无论是衣柜还是步入式衣帽间，开放式层板的收纳量都比拉篮要多。拉篮虽好用，但滑轨占用了一定空间，加上拉篮上方空间闲置，实际容量有限，建议依需求规划 2—3 个就好，或用抽屉取代。至于大型衣柜，可分层处理：上柜放置体积大的物品，下柜则分别挂衣服与裤子。

薄抽屉格子设计，增加小物收纳量

在衣柜里设计一些 10—12 厘米高的薄抽屉，放置领带、皮带或袜子等随身配件，也有人用来收纳内衣裤，因为方便且简洁明了。若格子放不下，就表示买太多，要淘汰掉旧的，这也是避免衣柜被塞爆的好设计。

小贴士

小户型，用垂降式衣柜争取空间

小户型可以考虑增加垂直空间的使用，利用下拉衣杆设计，让衣物容易挂吊储放以及取用。门后设置全身镜，方便整理仪容，折叠烫衣板设计则能让衣柜功能更丰富。

33

砰砰砰！关柜门的声音吓死人！

文——李宝怡　图片提供——尤哒唯建筑师事务所

解决方案 运用缓冲铰链、滑轨及反弹自锁器

你们有没有开柜子拿东西，合上门时，被“砰”的一声吓到的时候？不想让房门、柜门、抽屉在使用关合时发出“砰砰砰”的吵人声响，其实可以善用一些小零件。

以柜门来说，可以运用缓冲铰链来减缓柜门关上时的冲击。目前市面上分为进口及国产两种，价位差很多，因此有些设计师会用国产铰链和缓冲器两个零件取代一个进口缓冲铰链，价位亲民，效果也不差。另外，也可以运用反弹自锁器，以按压方式开关。

抽屉部分也有缓冲滑轨，属三节式“钢珠滑轨”，可选择安装侧板式或底板隐藏式，功能是让抽屉在关时也只要碰一下就会自动收回，方便也不易产生噪声。再讲究些，也可以选择按压开启带缓冲的滑轨，多了轻按抽屉就会开启的功能，十分适合忙到没有手开抽屉的家庭主妇。上掀式上柜门也有缓冲零件，叫“油压撑杆”。

至于房间门，要视居家习惯而定，如果家里安装的是隐藏式房门，如主卧室、书房或厕所暗门等，则建议采用自动回归门铰链，让门可慢慢自动关上，不会产生噪声。

方案1 门板上装缓冲铰链或按压开启带缓冲的零件，方便但较贵

只要尝试过缓冲铰链，就不会再用一般铰链，近年来厂商更推出按压开启带缓冲的零件，轻压就可以开启门板，最适合用于厨房及餐厅。

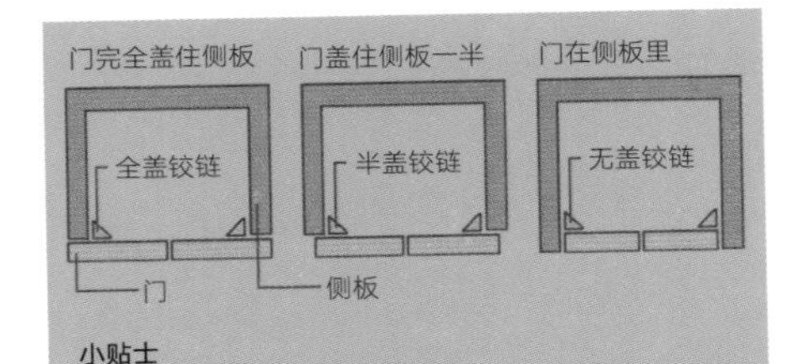

小贴士

不同柜门的铰链选用

铰链分为半盖（中弯、小臂、半扣）、全盖（直弯、直臂、全扣）跟无盖（大弯、内藏），主要看门板与侧板的遮蔽关系，因力短及施力不一样，铰链的形式也不一样。选择半盖铰链通常柜体侧板会露出 0.9—1.2 厘米（大约是侧板的一半），全盖铰链则是柜面几乎遮住柜子侧板。无盖铰链则是柜门稍微凹进柜体侧板。时下流行与墙面整合在一起的隐藏式橱柜，使用的多是全盖铰链，而其余情况仍以半盖铰链居多。

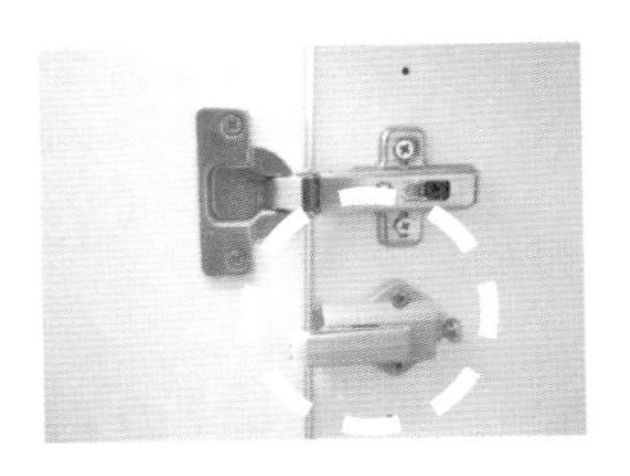

方案2 门板加装缓冲器，最省钱

其实缓冲铰链并不便宜，若全家的门板都装，花费不菲，因此才会有在铰链下方再加装缓冲器的做法。

方案3 反弹自锁器，以按压设计减缓噪声产生

反弹自锁器的设置，其实是因无缝式暗门柜的设计而产生，通过按压的方式开启门板，的确比一般开合式方便，又不易产生噪声，是值得一试的方法。反弹自锁器分为卡扣式和磁吸式，磁吸效果会比卡扣式好。

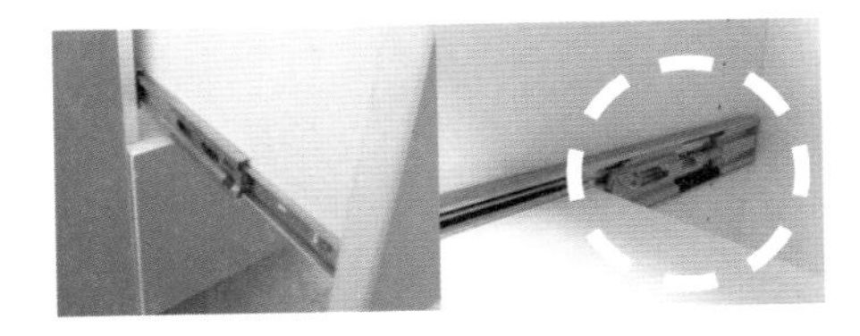

方案4 给抽屉安装缓冲滑轨

若已安装了一般滑轨，想改成缓冲滑轨，只要滑轨单边厚度为 13 毫米，长度是 30，35，40，45，50，55，60 厘米之一，就可以更换。

34

拿橱柜上层的东西如何避免爬上爬下？

文——李宝怡　图片提供——尊柜国际事业、KII厨具

解决方案 下拉式吊柜・电动升降式储柜

一般厨房厨具的高度离地82—88厘米，上柜距料理台约70厘米，离地140—160厘米。上下柜的柜距涉及吸油烟机和身体间的距离，身高较高者可以上移5厘米试试，使用时也不易磕到头。但以女生的身高来说，上柜有约40厘米的收纳空间使用起来很不方便，该怎么办呢？

橱柜收纳的基本原则是轻且不常用的放上柜，常用物品则放在下柜。另外，还有一种下拉式吊柜，内置拉篮，柜内两层的东西都能拉下来拿取，方便又安全。这类下拉式吊柜分自动式及手动式。安装前要注意吊篮能下降的高度与料理台固定设施的配合，避免水龙头等较高的设施阻碍吊篮的运作。

方案 1

下拉式吊柜，电动手动都方便

如上面三张图所示，下拉的方式让使用者可以充分利用所有收纳空间，取用也很方便。有电动及手动两种模式，电动又有控制面板与遥控器两种操作方式，但费用不便宜。

方案 2

电动升降式储柜，墙柜缝里好收纳

除了下拉式吊柜外，还可以在上柜与墙之间安装如右图所示的电动升降储柜，将油盐酱醋茶都藏起来，方便又美观。

35

厨房抹布
怎么挂才方便又好看？

文————李佳芳　图片提供————宽 空间设计美学、养乐多木艮、尤哒唯建筑师事务所

解决方案 横杆 + 半高玻璃墙・橱柜侧面・水槽上方

厨房抹布老是皱成一团放在桌上，不仅不美观，还容易滋生细菌，越擦越不干净。许多厨具公司会在洗手槽下方的橱柜内设计挂钩用来挂抹布，但若是湿答答的抹布挂在阴暗不通风的柜子内，很快就会发出闷闷的臭味，甚至开始长霉。

解决挂抹布的困扰，最快速的方法是买橱柜用的挂钩或是吊杆，依照使用习惯及动线，选择在厨房及餐厅都方便取用的位置挂置抹布；或者装在水槽上方的墙面，好处是抹布的水可以直接滴在水槽内。这两种都是属于外露式的解决方法。

如果完全不想看见抹布，建议可将挂钩或吊杆安装在橱柜侧面，刚开始装修的时候，可在橱柜侧面与墙面之间预留挂置抹布的空间，就可以避免外露。或者，在设计中岛桌的时候，在桌子下方留出一格开放的柜子，加上吊杆或挂钩，将抹布挂在中岛桌内，也是一种不错的方法。

如果是抹布用量大的家庭，还有一个可以通过平面设计解决的方法。就是让洗碗水槽靠近阳台，并且在阳台门边设计洗涤槽，用脏的抹布可以先暂时集中在此，然后一次清洗，避免用过的抹布无处可放。洗抹布与洗碗的水槽分开，互相不污染，也清爽干净。

方案 1

横杆 + 半高玻璃墙，抹布晾晒不脏污

靠墙设置横杆，下方做及腰高的玻璃墙，可以晾晒不少抹布，同时也不会让水渍沾染到墙体，若有脏污，只需稍微擦拭一下玻璃即可。

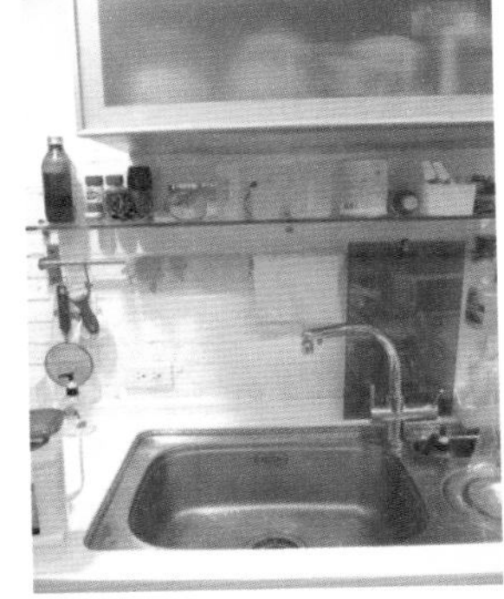

方案 2

橱柜侧面或中岛平台下方，抹布区遮蔽不外露

一般厨具公司会建议将抹布挂在水槽下方的橱柜内，但得做好通风与防潮措施，若是真的不想让抹布外露，设计师建议放在橱柜侧面或是中岛平台下方，有适当遮蔽。

方案 3

在水槽上方的墙面设置吊杆，滴水不怕潮

最便利的方法就是在水槽上方的墙面加装吊杆或挂钩，然后把抹布直接挂在这里晾干，如此一来，抹布的水可以直接滴在水槽内。

小贴士

让抹布快干的方法

家事达人建议将抹布披挂在烤箱上层，通过加热快速烘干。善用烘碗机也是不错的方法，但抹布与碗必须要分开放。

36

垃圾桶及厨余桶要怎么处理才不会臭？

文——李宝怡　图片提供——杰玛设计、KII 厨具、诚峰环保工程

解决方案 有盖垃圾桶・花台利用・厨余垃圾处理器・水槽结合厨余垃圾桶

垃圾桶可以放置的地方包括：书房的书桌下方、客厅与餐厅的角落等，以不会阻挡到动线及视觉美观为主。另外，卫生间及厨房里的垃圾桶必须要加盖，以免臭味四溢，招惹蟑螂及蚂蚁入侵。

至于厨余的处理，市面上有可以放在水槽内的垃圾桶，不锈钢材质，清理方便，缺点是容量小。如果怕厨余的臭味，那么不妨加装一台厨余垃圾处理器。

方案 1

使用有设计感的加盖垃圾桶，空间添品位

垃圾桶不一定要隐藏起来，可以挑选有设计感的产品，让它成为空间的一分子，既方便又具美感。如左图这款有盖的垃圾桶，放在厨房与走道交接处，像是设计名椅，又兼具收纳功能。

方案 2

花台也是可移动垃圾桶

谁说垃圾桶有固定的样子？例如结合花台设计的垃圾桶，使用时，只要将花台的盖子推开就可以了。黑色桶身的设计，让人觉得不像是垃圾桶，反而是空间里的一个景观展示台。

方案 3

善用厨余垃圾处理器，不怕臭味四溢兼环保

厨余垃圾处理器大致有两种形式，一种将厨余打碎后再丢弃，另一种则运用自然发酵原理，将厨余放入机器后，覆盖专属的培养土及酵母菌、水，经过 24 小时的搅拌处理，就可以完成分解，取出后经过一个月的熟成期，就可以搭配土壤成为有机肥料再利用。

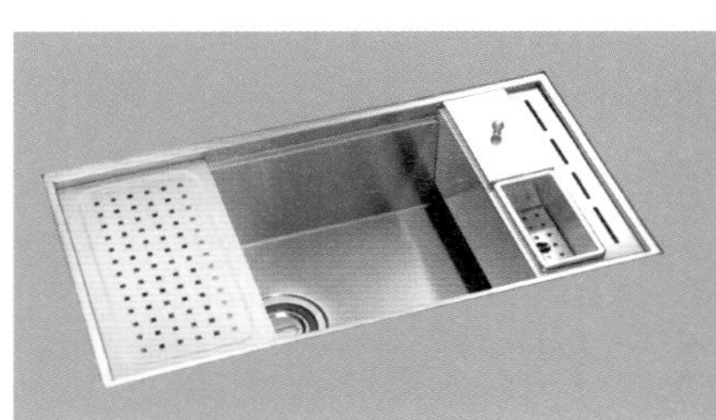

小贴士

水槽结合厨余垃圾桶，方便又干净

这种台面嵌入式垃圾桶设在水槽边，下方有滤网，方便垃圾滴水，帮助保持干燥，不易发臭，并有盖子可以防蚊虫，方便做饭时将厨余或其他垃圾随手放置。容量小，但不锈钢材质方便清理。

37

有没有让厨房台面永远干净的方法？

文——魏宾千、李宝怡　图片提供——KII 厨具、养乐多木艮

解决方案 高柜设计 · 吸油烟机上方 · 功能水槽 · 吊杆 + S形挂钩

厨房因前置工作多，是最花时间、桌面需求最大的地方，但往往厨房的料理台宽度连80厘米都不到，放上厨房用品，再加上一块砧板就满了，其他的菜肴盘子根本无法放置，终归一句，就是工作台面不够用。若想要将令人向往的中岛工作台规划进来，又会占用到重要的客厅、餐厅空间，结果，厨房又回到被挤压的小小空间里。

即便是开放式厨房设计，因为瓶瓶罐罐能一览无余，也不免呈现凌乱的状况，而且一不小心杂物又会堆满台面。因此，如何打造一个视觉清爽且动线方便的好厨房，是家中最需要的。

炒菜煮汤都集中在炉灶旁，因此炉灶下可以做方便摆放各式各样的锅具的设计，水槽正下方的柜子则可以放滤水器、常用的大桶厨房清洁剂和垃圾袋等。至于洗碗的抹布、清洁剂等可利用不锈钢网篮放置在水槽旁，就不会影响台面整洁了。

而料理台部分，若靠墙，建议利用墙面，将常用的调味料及锅铲、大勺等吊挂在此，方便取用。若是独立料理台，则建议放在第一层抽屉。料理台下方的抽屉依序是放常用的刀叉、筷子及开罐器等小件物品的收纳区；再下来的抽屉则放置如泡面、干货、保存较久的各式罐头或很占空间的餐巾纸；最下面的抽屉则摆放不常用的餐具、食物调理机和烘焙用具等。

秉持每次即用即收的原则，厨房台面就会干净不少！接下来学习几个增加厨房收纳空间的小妙招吧！

方案 1

高柜设计，收纳量是一般厨房的 1.7 倍

不同以往上下柜的厨房规划，而改为一面做高柜，另一面则为料理台，并将吸油烟机、电器柜及冰箱全部整合在高柜内部，如此一来，收纳量可以达到一般厨房的 1.7 倍。

善用吸油烟机上方空间

运用浅柜设计将吸油烟机上方做成格柜，放置调味料及油，方便在炒菜时直接取用。平时也可合上电动卷门，让柜体视觉一致、美观。

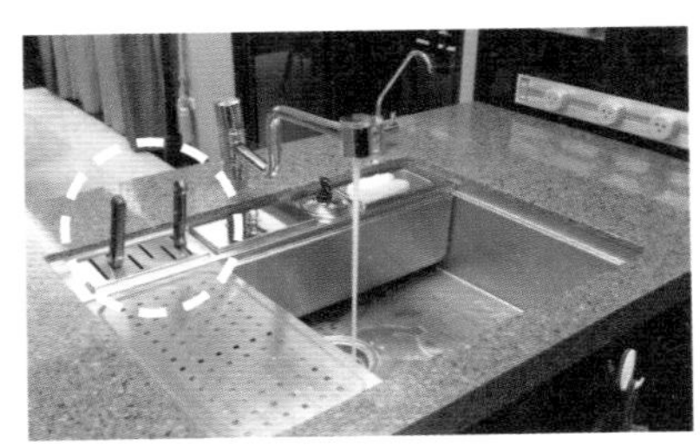

功能水槽，将清洁用品收纳于此

把水槽做大一点，将刀架、沥水盘、洗碗布、洗碗精及小厨余桶都架设在这里，使用方便顺手。不锈钢材质保养清理都容易。

吊杆＋S 形挂钩，增加立面收纳量

上下橱柜的设计，壁面用吊杆及 S 形挂钩就可以收纳一些小型的调味料罐、常用的勺匙及锅铲等用品。还有厂商研发的隐形吊杆，将吊杆锁在上柜下方，既美观又实用。

小贴士

石英台面比人造石台面更易保养

以往石英台面因为价格贵而令人却步，很多人因此选择人造石台面，但近几年两者的价格拉近很多，而且石英台面硬度更大、不易褪色且容易保养，已渐渐成为主流。

38

塑料袋、塑料瓶等可回收垃圾怎么处理？

文——李宝怡　图片提供——尤哒唯建筑师事务所、AmyLee

解决方案 后阳台或水槽下方·回收桶形式·固定位置标示清楚

如果家里塑料袋、旧报纸、瓶瓶罐罐类的垃圾比较多，或者在家有垃圾分类的习惯，怎么处理会更好？最简单的方式就是定位收纳，定时倾倒。

所谓的定位收纳，就是固定放置这类垃圾的位置。有人会放在水槽或悬吊厨具下方，但大部分人会扔在后阳台，以便将一些瓶瓶罐罐通风干燥。

分析一下，家中属于可回收资源的有塑料盒、塑料瓶、旧报纸、铁罐等。简单一点可分为能卖钱的，如塑料瓶，跟不能卖钱的以及旧报纸三个类别，用三个垃圾桶分别收纳就可以了。

后阳台或水槽下方，资源回收好地点

将资源回收尽量简化，若只回收 1—2 种，如塑料瓶及废纸类，就可以放在厨房水槽下方，若量不大，每天都要随垃圾定时清理。若是量大一点或种类较多，如塑料瓶、铁罐等，则建议将资源回收的地点放到后阳台比较好。

回收桶形式多样，选择适合的即可

资源回收桶的形式有很多，有并列式的，也有上下层式的，但选购时要注意是否可以固定垃圾袋，以确保资源回收桶的清洁，同时也方便直接丢弃。

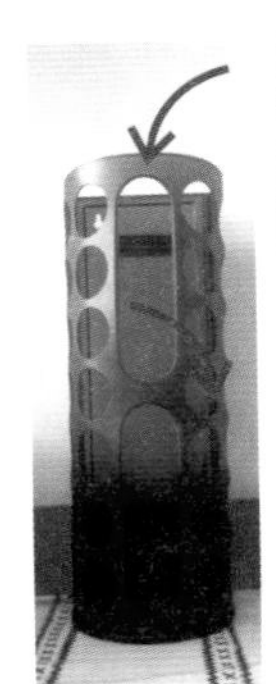

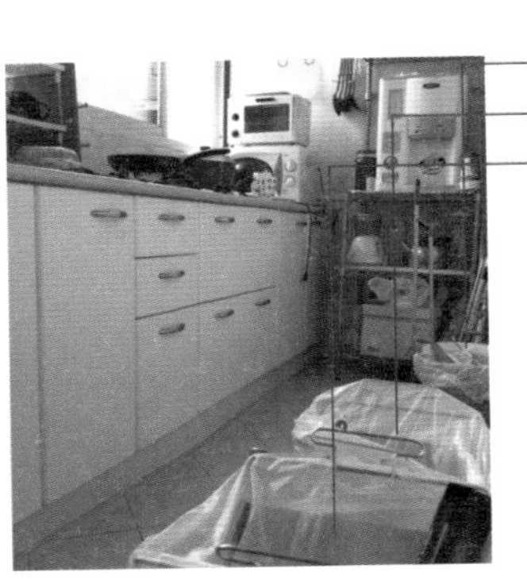

垃圾桶

废纸回收

塑料瓶回收

固定位置并标示清楚，方便清理

确定资源回收的位置，且将每个回收桶都标注回收的类型及对象，做好分类。如此一来，每次清理时就不用再整理一次，直接拿去倾倒就可以了。

39

冰箱怎么整理，东西才不容易过期？

文——李宝怡　图片提供——尤哒唯建筑师事务所、总管家家事清洁、杰玛设计

解决方案 分类分区冷冻・冷藏室用保鲜盒・瓶罐放冷藏室门・蔬果集中

婆婆妈妈们对冰箱总是又爱又恨：爱的是吃不完的东西放入冰箱就可以解决下一餐的问题；恨的是冰箱像一个大怪兽，东西放进去就找不到，等找到，又往往过期了。到底冰箱里面要怎么管理，才不会发生这么多问题呢？

简单来说，这些问题都是冰箱使用不当所导致的。冰箱内装六七分满最佳，存放的食物或容器间保留些空隙，放太满，挡住出风口，会影响冷藏的效果，易导致食物变质。剩菜要放凉后再放进冰箱，以免影响冰箱的制冷度及食物质量。若食物汤汁洒到冰箱里，应该立刻拿抹布将脏污擦拭干净。一个月至少进行一次冰箱大清洗，如此能避免积聚污垢、异味。最重要的是，冰箱内要分层摆放不同食材，冰箱空间才能区隔清楚，不显乱。

一般冰箱都分为冷冻与冷藏。冷冻室大部分存放的是生鲜肉类、海产、水饺等冷冻食品，建议将生鲜类食物依每天每餐的分量分装保存，才不容易造成食物浪费或腐坏。记得在包装上注明购买日期，放在前面方便拿取。

至于冷藏室，其实跟冷冻室的规划一样，容易过期的食物放在前排，把可以久放的食物放在后面。可用透明保鲜盒做好蔬菜的分类，用小型分格架增加冰箱格层收纳，并尽量把装液体的瓶瓶罐罐收纳在门上的收纳格内。

方案 1

冷冻食物，分区摆放好取用

食材收放的原则里，冷冻室最底层放肉类、鱼类、海鲜等生食，即使不小心渗出水，也可避免污染其他食物。此外，每一层也可再细分左、中、右三区块，固定将某一种食材放在某一区。像是右边放猪肉类，左边放鱼类及海鲜，中间放鸡肉类，取用会更有效率。另外，辛香料像是葱花、白萝卜泥、姜丝，可以依用量分装冷冻保存。

冷藏室，保鲜盒保持整齐

平日就应该将食物包装好再储存，尽量用透明度高的保鲜盒，可以贴上标签，标注品项及放入的日期，方便分辨。食物放入冰箱前，先用密闭容器或是保鲜膜包装，可以阻绝食物的异味，防止水分流失；然后依不同食材的保鲜期，分别放置在冷藏室的各个层面，尽量把一两天内要吃掉的剩菜及一周内要烹煮的食材放前面。

瓶罐类、调味料，冷藏室门一目了然

冰箱门上层放小包调味料，可集中收在牛奶纸盒内。软管状的调味品可直立放在纸盒或塑料盒里，方便取拿。较重的罐状、长瓶状的调味品，如酱料、酱油或饮料等，适合存放在中下层。

蔬果区，集中置放

由于蔬菜水果较怕碰撞，因此集中排列较不会造成损伤，可以置于透明的冷藏盒中，方便看到食物的变化，不易过期。

40

浴室台面总是堆太多东西，怎么保持干净清爽？

文——魏宾千　图片提供——尤哒唯建筑师事务所、金时代卫浴、博森设计、AmyLee

解决方案 镜柜收纳 · 系列感瓶罐 · 薄收纳柜 · 悬吊浴柜

无论空间大或小，浴室台面上最怕堆满东西，虽然所有物品一目了然，但是也增加了凌乱感和危险性。比如玻璃瓶包装，稍不注意就会滑落破碎，造成意外伤害。解决洗手台的收纳困扰，最重要的是让收纳回归系统化、秩序化。

如果浴室里的洗手台也被当作化妆台，不妨考虑为瓶瓶罐罐设置一个专用收纳柜，使用玻璃板材，瓶瓶罐罐的收纳柜也能变成迷你精品柜，为浴室空间带来精致感。

如果个人保养、化妆等用品数量不多，或是浴室空间小，扩大镜面设计并增设各种镜柜不失为一个好方法！比如，配合长形洗手台的规格延长浴镜尺寸，进行适当比例的分割，将镜面功能居中，左右两边搭配黑镜拉门，内部可置放物件，满足整妆、收纳等需求。此外，浴室里最令人烦恼的就是霉菌，无论是洗手台面还是地上，应避免无隔离地直接摆放物品。例如：洗发精等可用沥水性佳的收纳架收纳；多层三角玻璃层板、吸盘式或挂钩式等的收纳架也能帮助灵活运用墙壁的空间，让浴室感觉更加宽敞；瓶罐换成可重复使用的相同瓶身，整齐又美观；可吊挂在莲蓬头处的吊挂收纳架更有助于收纳。

另外，对于买来备用的消耗品，如洗发精、保养品、肥皂或卫生纸，甚至女性生理用品等，建议最好设置一个防水的密闭式浴柜做收纳，以方便未来取用替代。

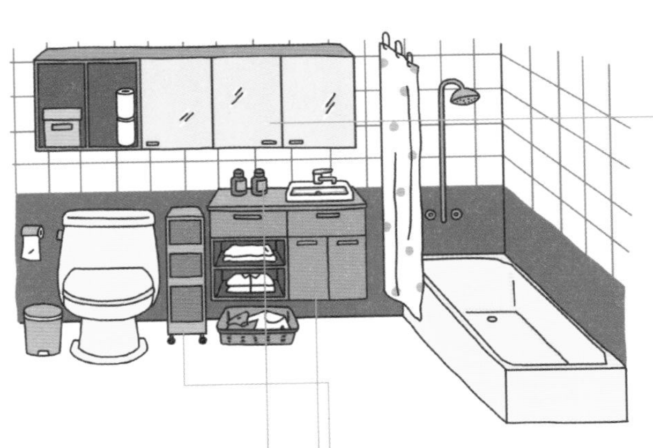

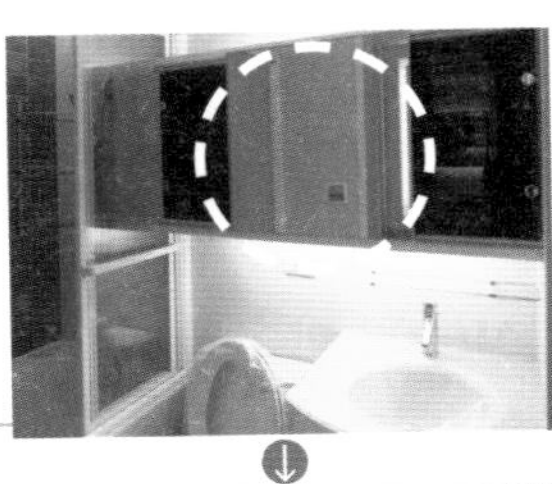

镜面柜，满足瓶瓶罐罐收纳需求

将镜面结合柜子的功能发挥到最大。大面镜柜里可规划不同尺寸的收纳空间，收纳各式卫浴用品。洗手槽上的柜子可放置个人清洁用品，如隐形眼镜药水、化妆品等。马桶上方制作深柜，可放卫生纸、生理用品或是备用的洗发精。

系列感的瓶罐，整齐美观

洗手台上只放置一两件物品，如洗手液、牙刷杯，而这些物品也最好选用同素材商品，可增加整齐的感觉。

悬吊浴柜，置放换洗衣物、较重物品

洗手台下方可设计悬吊式浴柜，浴柜下还可以置放洗衣篮，将个人换洗衣物放在此，方便拿取又不易淋湿。除此之外，较重的瓶罐像是漂白水等也可放在此处。

薄收纳柜，增加收纳空间

马桶及洗手台中间的缝隙可使用薄型空间收纳工具，比如附轮子的收纳盒，取用方便也容易清扫，可收纳不同高度的瓶罐，使用更方便，同时也容易清洗。

41

希望我家浴室
不打滑，永远干爽

文——魏宾千、摩比　图片提供——尤哒唯建筑师事务所、德力设计、总管家家事清洁

解决方案 干湿分离 · 暖风干燥机 · 通风窗 + 百叶门 · 浴缸溢水口 + 石英透心砖

每次走进浴室，脚底总是湿湿的感觉很不好。更何况，浴室潮湿很容易长霉，真令人烦恼。其实“安全”是浴室设计的重点，而保持干燥、不湿滑，是确保浴室安全的基本要素。

维持浴室干爽的状态，首先要检测的是浴室的通风及地面排水状况。在通风方面，卫浴空间最好有通风窗，同时建议浴室门最好选用“有缝”的门（如百叶门），制造门与窗的空气对流，加速浴室里的水汽排出。

至于地面排水部分，检视排水区的泄水坡度是否恰当，让水流可以迅速集中、排出。建议采用有溢水口设计的浴缸和悬空的柜子。另外，干湿分离的设计对保持浴室干燥是有加分效果的。

如果建筑物本身条件不允许，可以在室内天花板安装嵌入除湿、抽风、换气三合一的暖风干燥机，整合干燥、除湿、暖房等功能，尤其是通风效果差的暗房式浴室，在少了外窗的情况下，使用干燥机是不二选择。不仅能快速有效地排干浴室里的湿气，还能在湿冷低温的冬季启动暖房功能，预先烘暖浴室空间，平衡浴室内外的温差，让家中幼儿、老人都能舒舒服服地享受沐浴。

此外，为方便卫浴空间的清洁，设计师建议卫浴可选用表面粗糙、局部上彩釉的瓷砖，又防滑又好清洗。另外，市面上也有许多清理浴室水渍的小工具，可以按实际情况选用，也对浴室快干有帮助。

方案 1 浴室干湿分离设计

干湿分离设计，就是将浴室划分为“干区”，如马桶、洗手台区；“湿区”，如淋浴区、浴池，或是浴缸结合淋浴区等。若预算有限，可以只在淋浴区与洗手台之间加装宽度约 80—100 厘米的强化玻璃区隔即可。或者运用吊杆及浴帘，这是最便宜的做法。

方案 2 无窗浴室加装暖风干燥机

在室内天花板安装嵌入有除湿、抽风、换气等功能的暖风机。不但可借暖风功能提高卫浴间温度，洗澡时还不易感冒；暖风干燥功能也形同除湿机，快速烘干室内空间；而换气功能则能快速将室内气味排出，凉风则适合夏天使用，让室内备加凉爽。

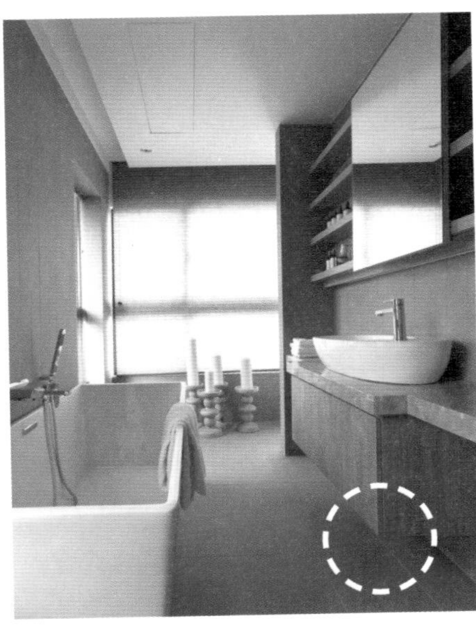

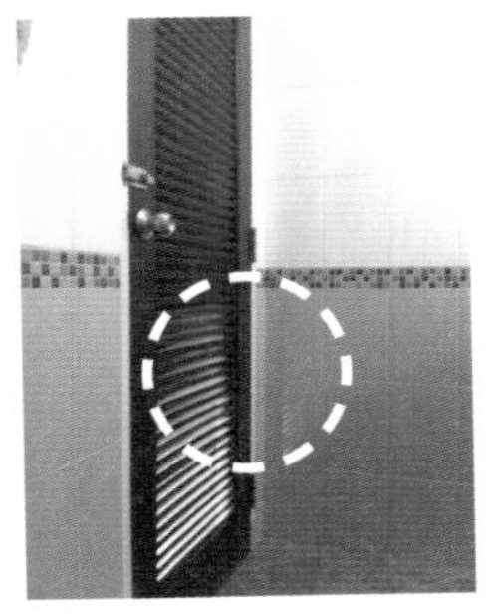

方案 4 通风窗＋百叶门，空间快速干燥

若是家中浴室有通风窗，不妨再选择百叶门，创造浴室对流，让湿气快速排出。

方案 3 浴缸溢水口＋石英透心砖，易清洗快干

除了一般瓷砖外，石英透心砖好清洗，值得推荐。陶砖则不建议使用在卫浴空间里，因为它吸水量高，不易排水且易破碎，容易刮伤皮肤。另外，浴缸建议要有溢水口的设计。

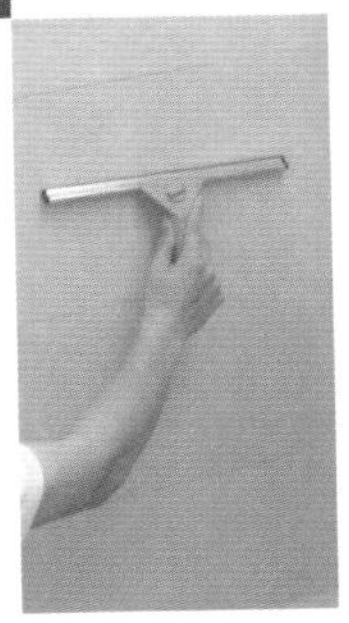

方案 5 橡皮刮刀＋专用拖把，快速除湿不发霉

如果装修上已经不能变动，家事达人建议可以用清洗玻璃用的伸缩橡皮刮刀及海绵拖把，每天最后用完浴室的人将墙面及地面的水渍擦拭干净，再打开抽风机约 20 分钟，就可保浴室清爽了。

42

上厕所、洗澡时
也想看书、玩手机

文———摩比、李宝怡　图片提供———大湖森林设计、德力设计、匡泽设计

解决方案 洗手台再延伸・活动木桌・浴缸平台

虽然很多文章都提到在厕所看书看报纸，会导致便秘或痔疮，但人们抵挡不了科技产品的魅力，继报纸、小说及杂志等平面媒体之后，又将手机、平板电脑等电子产品带入厕所、浴室，以好好享受所谓的“如厕时光”。这时会遇到电子产品要放在哪里，怎么充电等问题。

当然，市面上有很多平板电脑的支架，但仍得注意置放地的湿气会对电子产品有影响。因此，不妨在马桶或浴缸附近规划各种平台。

首先，可从洗手台面一路延伸至浴缸或淋浴间，形成低矮平台，平时可置放浴巾或换洗衣物，也可以放置书籍，当然也可以放iPad、iPhone等产品，不用再一直手持使用。

另一种方法则是使用活动层板，安装在马桶或浴缸的侧边，需要时架成平台，不需要时则放下靠墙收纳，完全不影响空间。若有充电需求，建议设置防水插座方便使用。最简单的则是运用原木式活动平台，横架在浴缸的两侧，变身成可移动的小桌台。

方案 1

洗手台面、浴缸台面再延伸，创造阅读平台

将洗手台面延伸至与浴缸相接、与马桶齐高，正好可放置物件；或是将浴缸台面延伸至与原本拿来放置衣物的松木平台相接，不用担心沾湿的问题。

方案 2

可收可升架高平台，利用零星空间不占位

如左图所示，利用马桶侧边的墙面、层板及活动三角五金做成活动平台，必要时架起来放东西，不需要则可以收纳在墙边，完全不占空间。

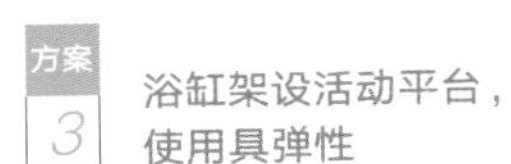

方案 3

浴缸架设活动平台，使用具弹性

创意生活可以从泡澡开始。原木材质的活动台横架在浴缸上，形成活动茶几，让人在泡澡的同时，也可以玩手机、看剧、玩游戏。

43

卫生纸放在哪里才不易变潮？

文————李宝怡　图片提供————尤哒唯建筑师事务所、KII厨具、大湖森林设计、完美主义

解决方案 浴柜层架·浴柜侧开口·下抽式镜柜设计·壁挂式卫生纸架

不知道大家有没有这种经验：每次上厕所，回头拿放在马桶水箱上的卫生纸的时候觉得很不方便，擦拭时总觉得卫生纸潮潮的，很不舒服；要不然就是活动式的卫生纸盒总在抽取时不小心掉下来，等等。但最糗的莫过于坐在马桶上，回头却发现整个厕所里找不到半张卫生纸，这时只能求助家人。

其实想要避免尴尬情况发生，最简单的方式就是在浴室里预留2—3包卫生纸备用，放置的地方可以是浴柜或镜柜里。

至于卫生纸易潮不易拿的问题，卫浴达人表示，首先，若卫浴空间通风良好，且有干湿分离及四合一除湿暖气设备，卫生纸放哪都不易潮湿。其次，卫生纸最好用专用收纳盒收纳，材质以塑料或亚克力为佳。另外，马桶水箱上最好不要放任何东西，一来陶瓷面板本来就很滑，二来不方便维修，甚至有些马桶的冲水器就设置在此，使用不便。建议不妨在马桶水箱的上方约30厘米处架设平台放置卫生纸。

此外，可以把卫生纸架及盒子架设在马桶的侧边，卫生纸盒开口向下或直立摆放，就不会有易潮问题产生。当然，最好的解决方案是直接将卫生纸盒设计在浴柜里面，并在临近马桶那侧开口，方便取用。

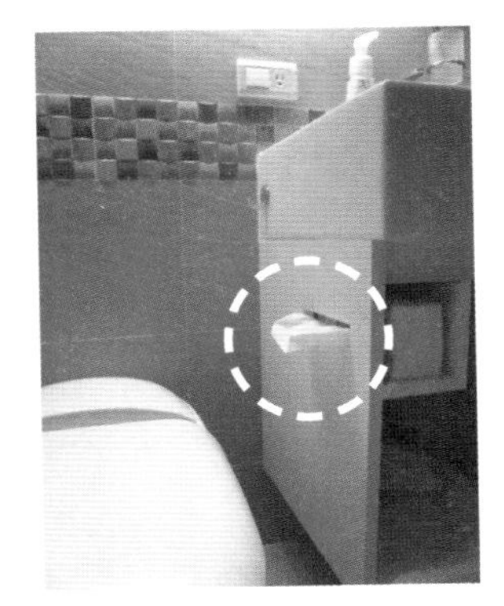

方案 2 浴柜侧面开口，设置隐藏式卫生纸盒

最简单的方式就是在浴柜临马桶处，开个约 12 厘米长的口子，让浴柜里的卫生纸可以抽取使用，既不怕水汽入侵，又美观好看。并可同时在浴柜收纳 2—3 包卫生纸备用，也不怕发生上到一半没纸的糗事了。

利用浴柜层架放置卫生纸

从设计层面来说，卫浴要干湿分离并保持通风，若能将面向马桶的浴柜做成开放式层架，便可以将卫生纸收纳在此。搭配卫生纸盒，便不易发生卫生纸受潮或容易滑落的问题。

方案 3 马桶上方镜柜，设计隐藏版下抽式卫生纸盒

如上图所示，将镜柜延伸至马桶上方，并直接在柜内设计隐藏版下抽式卫生纸盒。其实也很简单，就是在马桶上方的镜柜内开一个长 10—12 厘米，宽约 1 厘米的口，让卫生纸倒放下抽就可以了。镜柜内也可直接放置备用卫生纸，替换很方便。

选择直立或下抽式卫生纸架

若马桶的侧边是实墙，则建议将卫生纸架的中心点设置在距离马桶座位最前端约 10 厘米，离地约 70 厘米处。卫生纸远近适宜、容易拿取，也不怕会被马桶的水溅湿。

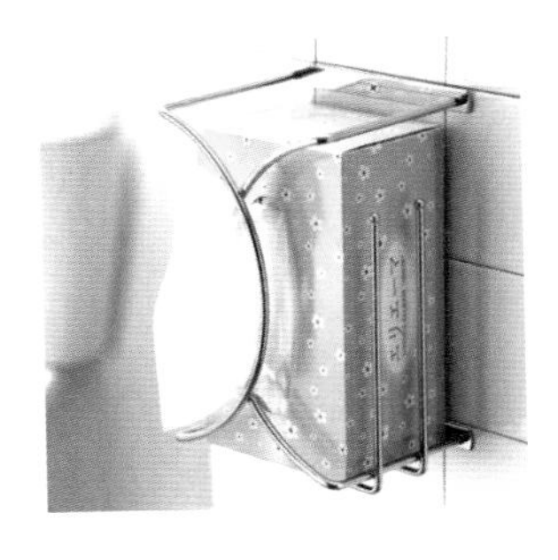

44

吸尘器及立体电风扇怎么藏？

文——魏宾千、摩比　图片提供——尤哒唯建筑师事务所、杰玛设计

解决方案 楼梯下方储藏室·玄关衣帽间·走道边柜

每次到了换季时，除了衣物收纳外，最麻烦的就是把大型家电，如电风扇、除湿机、电暖炉等收起来。另外，像吸尘器这类电器，几乎每天都要用，但用完了还要再把它藏起来，实在不方便。其实最简单的方法就是选购具有设计感的家电，如此一来，放在哪里都好看，也不用收起来。不过，这类经典款工业设计家电恐怕所费不赀，因此绝大部分人还是习惯性地找地方收纳。

如何在有限的居家空间里设置大型家电储物柜或储物间，便成了重点。

储物柜可以设置在玄关的衣帽间、餐橱柜边柜的下方，或利用楼梯下方的零星空间，甚至是进出私密卧室的走廊橱柜。在收纳时，要注意家电的尺寸，以免有塞不进橱柜的困扰。以电风扇来说，立扇、箱扇、桌扇这几种较常用，因此橱柜建议最少要有45厘米的宽度及深度。至于长度，则视情况而定。有些立扇可以拆解成两件式，方便收纳。另外，除湿机及电暖炉，建议挑选有轮子的款式，未来收纳时才更方便。

至于吸尘器，最适合收纳的地方是厨房，若厨房不好放，餐边柜也是一个不错的收纳地点。

方案 1

楼梯下方，利用畸零空间设计储藏室

把楼梯下方的畸零空间作为置放大型家电与其他杂物的储藏室，采用大片木拉门的设计，不只取物更方便，也增添了视觉美感。

方案 2

利用玄关衣帽间收纳大型家电

结合玄关与展示柜规划专属的衣帽间或储藏室，将进出门随身携带的物品卸下，如外出用大衣、伞具、球具，甚至是尺寸较大的运动装备，都整齐地收进衣帽间里，取放时一清二楚。

方案 3

私密空间的走道边柜收纳

因一进门即见通往私密空间的走道设计，设计师采用格子玻璃拉门，避免视觉尴尬外，还营造出一个“次玄关”。再在墙面做满收纳用的橱柜，让人在取用家电及其他物品时的动线更舒适、便利。

45

扫把、拖把怎么收才不会看起来乱乱的？

文———魏宾千　图片提供———尤哒唯建筑师事务所、养乐多木艮、AmyLee

解决方案 家事事务柜・悬挂架陈列・窗台收纳

其实细数家里的清洁工具，还真不少，从最小的抹布到无可忽视的吸尘器、扫把、鸡毛掸子、拖把、水桶、浇水水管、刷子、大大小小的清洁剂等。这些东西通常放在家里的什么位置呢？墙角或随处放？似乎无论放在哪里都感觉乱乱的，无从收拾。而且平时东塞一处，西塞一点，到最后真的要用时，却怎么也找不到了。

其实这个问题很简单，只要把清洁用品和工具集中起来，让家人使用时都找得到就好了。但是家里空间有限，这些东西说大不大，说小不小，到底要放在哪里好呢？

家事达人表示，最好的方式就是将属性相同的清洁用品及工具集中管理。若有储藏间是最好不过的，若没有也没关系，可以试着寻找家里的零星角落来收纳。另外，这些清洁用品中，最宽的水桶也不会超过45厘米，最高的拖把也不过100—120厘米，因此建议可以购买带门的专用柜子，深度约50厘米，宽约60厘米，高180厘米就足够了，这么一来，不仅具有视觉统一的美感，还可以运用隔层分类排列，依拿取的方便程度摆放，使用起来顺手得很呢！

至于家事柜内部的规划，可设置一个高约142厘米的内柜，专门收纳吸尘器及细长的用具，如拖把、扫把等，其他则做活动隔板，放置水桶、除尘棉纸、清洁剂等清洁用品。另外，还可以利用门后空间设置置物篮架，放置一些短小的瓶瓶罐罐。

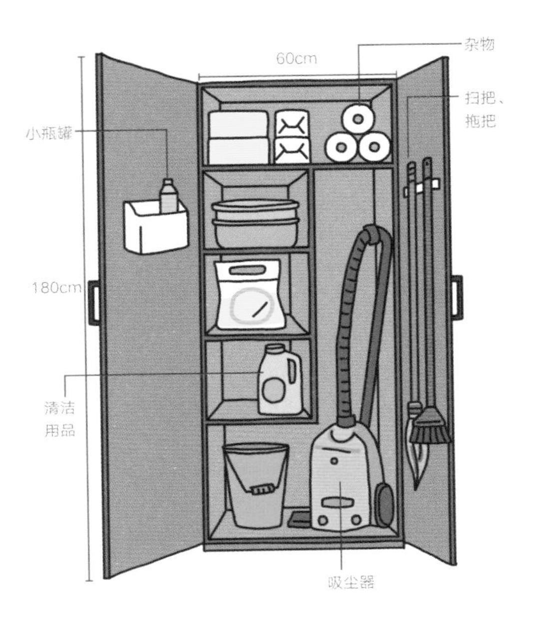

方案 1

家事事务柜，结合五金加强功能

设置一处专门放置清洁用具及用品的橱柜，高约 180 厘米，宽约 60 厘米，深 45—50 厘米。为配合家事动线，柜子可以放置在厨房附近。

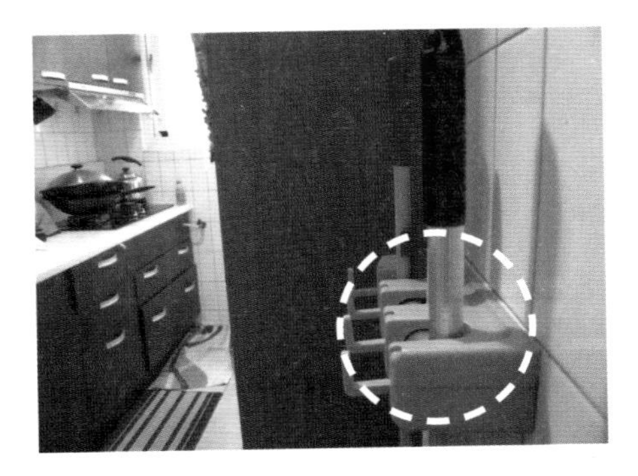

方案 2

善用悬挂器及三层活动橱柜收纳

若是不习惯把工具收起来，怕找不到，那么可以善用悬挂器，安装在墙面上，搭配活动橱柜将瓶瓶罐罐收起来，以保持厨房及后阳台的清洁干净。

方案 3

阳台飘窗，再创收纳空间

利用阳台外延 60 厘米的空间加装 50 厘米的下嵌式储窗，将扫把及拖把等清洁用具收纳在其中，上层还可以当花架，一举数得。

46

买太多大包卫生纸囤积，放哪里？

文——李宝怡　图片提供——尤哒唯建筑师事务所、杰玛设计、KII厨具

解决方案 天花板高低差・冰箱上方・床下储物盒・衣柜上＋横梁下

不知道大家有没有这种经验：每当看到商家卫生纸做特价，就会忍不住买回来一大堆，结果发现家里根本没有空间放，于是大包大包的卫生纸就囤积在角落里，不但十分占空间，而且不美观。

其实这种采购习惯，可以说是完全中了厂商的心理战术——利用人们对价格上涨的恐慌感而做的洗脑式销售。下次若有这种冲动，不妨回去好好把每个月的购买收据拿出来对一下，说不定会发现，这个月买的特价品比上个月没打折的还贵。

在心理学讨论之外，在空间上，我们怎么解决这些重量轻但体积大的物品收纳问题呢？

老实说，除非家里已经规划了储物空间，或是有独立的更衣室，不然很难找到适合的地方收纳。若硬要挤出来，可以从天花板的空间下手。以长和宽约45厘米，高6—10厘米的抽取式卫生纸来计算，可以利用其他密闭空间至天花板之间的空间收纳，如冰箱上层、衣柜上方，或因天花板落差形成的零星空间等，甚至床底下也是不错的选择。

至于利用天花板的维修孔隐藏卫生纸的想法，设计师建议最好不要，因为天花板内隐藏不少电线及灯管，再加上设计天花板的目的并非是为了储物，为了安全起见，还是请大家打消这个念头。

方案 1

利用天花板高低差设计储藏空间

小空间里，天花板统一设计，一路延伸至厨房与卫浴过道，局部变身为储藏空间，并加强结构设计，可放置许多物品，卫生纸也可以隐藏在此。

方案 2

冰箱上层的空间可放置重量轻的物品

大包卫生纸虽体积大，但重量轻，因此放在上层是适合的，冰箱上层的空间是不错的选择。而且冰箱在密闭式厨房里，不怕会造成视觉上的杂乱。

方案 4

床下储物盒，薄型好收纳

其实床底下也是不错的收纳空间，一般的床底板高度约 30 厘米，不妨利用市面上的床下储物盒，把卫生纸收纳在里面。

方案 3

衣柜上、横梁下零星空间好置物

系统衣柜最高只能做到 240 厘米，若天花板高 280 厘米，中间的落差就可以充分利用。但若是将灯管设计在衣柜上方，为安全起见及维护照明，则不建议变为收纳空间。

47

不怕冬天雨天，天天都是晒衣天

文———魏宾千　图片提供———尤哒唯建筑师事务所、杰玛设计

解决方案 阳台深雨批 · 洗脱烘三合一设备 · 干衣房

多雨的季节，衣服即使放在屋外晾了好几天，摸起来还是潮潮的，苦等不到阳光露脸，只好多买一些衣裤备用。不过，解决了日常的穿衣问题，成堆衣物占据阳台、后院，是很多家庭的阳台奇观。

日本针对家庭主妇所做的调查显示，她们最想要规划的空间，除了中岛厨房外，就是带家务平台的晾衣间。如何在有限空间里解决“干衣”问题，成为每个家庭主妇最想知道的答案。

“干衣”跟空间息息相关。如果你买的是小户型，可能面临没有阳台的状况，那么就需借助科技的力量，采买洗脱烘三合一设备，在规划空间时可以并入小厨房里，解决干衣的需求，也让小空间的使用率达到最高。

另外，在屋外已有阳台的情况下，家里也可以添加烘衣设备，以备不时之需。但是，烘衣设备有所谓的可烘材质限制，这时候不妨利用家里的次要空间，如浴室或其他独立小空间来规划一间“干衣房”。干衣房以安装有干燥机的空间为最佳，如带三合一、四合一暖风干燥机的浴室，或有除湿机的房间，在机器的选择上得再多方比较，挑选除湿功能强的设备。

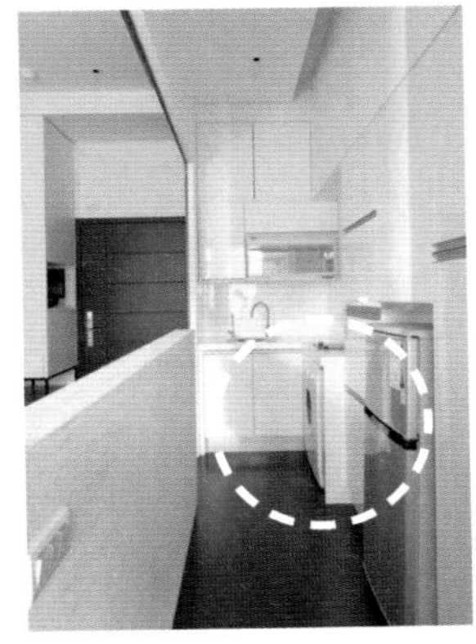

方案 1 深遮阳雨批，阳台好晾衣

想要让衣服无论冬天或雨天都能快干，晾衣阳台的选择很重要，最好向阳且通风佳。如果怕被雨淋到，则建议除了避开迎风面，雨批深度设计为45—60 厘米较佳。

方案 2 选择洗脱烘三合一设备

若受限于空间小或无阳台，那么利用洗脱烘三合一设备是不错的选择。若家里有小孩，建议挑选有儿童锁设计的设备，价格视品牌及洗衣量而定。

方案 3 浴室、小空间规划干衣房

干衣房最好选择畸零空间或密闭空间，像是衣物间兼工作室、更衣室等，结合吊衣杆设计，方便悬挂衣物，通过除湿或暖房设备干衣。浴室若有暖风干燥机，也可以列入干衣房的候选名单。暖风干燥机最好选择有定时装置的，如此一来，可以设置启动时间，比较省电且有效。

ENGLAND
RIVAL
Residential Design
DreamWork Space

Chapter 3

关于健康的烦恼

48

想换掉坐得我腰酸背痛的椅子，应该怎么选？

文——李宝怡　图片提供——杰玛设计、大湖森林设计

解决方案 挑对椅子・各式椅子建议尺寸

由于坐着时，人体的上半身重量会通过脊椎一直传到接触椅面的屁股上，这时，脊椎骨有椎间盘来缓冲这些压力，并帮助脊椎调整适合的角度。正确的坐姿可以减少椎间盘的压力，减缓椎间盘磨损的速率，并减轻腰部因久坐而产生的不适感。但不正确的坐姿却会让人感到疼痛、酸麻、无力等。最常出现这些症状的部位包括腰、下肢、肩膀、脖子及手臂。

因此，挑选一张合适的椅子很重要。但椅子的种类这么多，要怎么选呢？

一般休闲类座椅，如沙发，含坐垫高度为35—42厘米，深度为80—90厘米（若不含椅背及靠枕则为55—65厘米），不要太深，让膝盖可以舒适地摆放。若有椅背，则70—90厘米的高度比较适合。休闲椅，若有躺下并将脚抬起平放的需要，则高度15—25厘米，身体斜躺角度120—135度，对椎间盘的压力最小，躺起来最舒服。

至于餐椅，为配合餐桌高度，宽多为42—46厘米，高一般为45厘米。而因工作需要使用时间较长的书桌椅或办公椅，除了与餐椅的宽高相近外，最重要的是椅面需要依每个人的膝盖和臂长做调整，以保证膝盖窝后方有5厘米的空间，避免压迫到膝盖后方的神经。另外建议在腰部、上背部及把手处要有支撑，最好实际试坐后再购买，才会最适合自己。

方案 1

挑对椅子，腰酸背痛不再来

坐姿时双足能放松平放于地面，且大腿跟小腿的夹角能维持 100—110 度是最适宜的。若椅背能倾斜 110—120 度会更舒服。同时，在人体的第四及第五腰椎处（高度 10—18 厘米），要有 5 厘米的厚度支撑腰椎。从椅垫算起，上背支撑的高度以 50 厘米为佳。另外，有把手的椅子可以协助支撑上肢肢体部分的重量，减少椎间盘的负担。把手的适当高度为前臂平放时可以让肩膀放松地垂下为佳，最好是可调整式把手，以符合不同使用者的需求。

方案 2

各式椅子建议尺寸对照表

椅子的类型和尺寸对舒适度有很大影响，右表是各式椅子的建议尺寸。不过不论椅子设计再怎么精良，还是不建议久坐，每隔半小时，最好站起来上上厕所或动一动肩膀跟脖子、手脚是必要的，让血液循环一下，才不会因久坐而产生手脚麻的问题。

座椅名	椅子类型	建议尺寸
单椅		宽度：80—95 厘米 深度：80—90 厘米 （含椅背及靠枕） 坐垫高：35—42 厘米 背高：70—90 厘米
双人沙发		宽度：126—150 厘米 深度：80—90 厘米 （含椅背及靠枕） 坐垫高：35—42 厘米 背高：70—90 厘米
三人沙发		宽度：175—196 厘米 深度：80—90 厘米 （含椅背及靠枕） 坐垫高：35—42 厘米 背高：70—90 厘米
L 形沙发		宽度：220—254 厘米 深度：80—90 厘米 （含椅背及靠枕） 坐垫高：35—42 厘米 背高：70—90 厘米
餐椅		宽度：42—46 厘米 座高：一般多为 45 厘米 提醒：一般桌底到椅面的距离为 19 厘米，（但仍要以餐桌高度为主）
吧台椅		高度：103—123 厘米 （视吧台高度而定） 椅面尺寸：50 × 45 厘米 椅背高：43 厘米 跨脚台至椅面：60—80 厘米
办公椅		高度：40—50 厘米 宽度：40—45 厘米 深度：38—40 厘米

49

不开空调也能让家里随时随地很凉爽？

文——李佳芳　图片提供——半亩塘环境整合、杰玛设计、同心绿能设计

解决方案 对角开窗・外推窗・气窗＋格栅窗

家中若有体弱的长辈或小孩，可能会承受不了空调的冷风，但面对高温，到底怎么做才能减少空调的使用呢？其实，首要条件就是“通风”。通风好的房子可以利用气流循环将屋子里产生的热量带走。

要运用自然通风的方法来调节室内温度，必须在窗户与格局设计上下功夫，打造出风道。空气就像水流，必须要有进有出才能称之为“活水”，而空气的入口与出口位置，关系到气流是匆匆带过还是深度循环。

通常，风会寻找最短的路径进出，如果进气与排气的窗户都设计在空间的同一侧，那么气流进入空间不消几秒就会马上排出，只能带走局部热能，其余没有气流通过的房间仍然闷热不已。为了促进空气循环，最好的方式是采取对角开窗设计，让空气在室内走一圈后再排出。

如何在室内制造空气的对流也很重要，除了加装设备外，最简单的方法就是在房间门或隔间墙上设计气窗，或使用格栅门。

方案 1 对角开窗，制造空气循环路线

左图中的对角开窗设计可以让空气在室内流动一圈后再排出。不过，设计对角开窗时，要注意空间不要设计得太过零碎，以免打断气流路径，可以加装吊扇来促进室内空气循环。

右开外推窗

下开外推窗

方案 2 利用外推窗导风入室

窗的形式有很多种，可以引入不同方向的气流，也可丰富视觉。外推窗比横拉窗更能导风入室。举例来说，当风向与窗户平行时，若使用横拉窗，风无法进入室内，而外推窗则可以用推出的窗户拦住风，使风的路径转入室内，效果如同导风墙。因此在大面窗的框架分割上，不妨安排左开、右开或下开的外推窗，可依照不同季节的风向灵活导风，下开的外推窗可在雨天时使用，让室内依旧能保持通风状态。

格栅拉门

卧室门上预留气窗

方案 3 用气窗、格栅门，房间清凉不闷热

如果只有房间的换气有待加强，其实不需要任何设备，在房间门或隔间墙上设计气窗，或使用格栅门等，都可以避免房间被闷着。

50

空调常让人感冒，怎么装才不会太冷？

文——魏宾千、李宝怡　图片提供——尤哒唯建筑师事务所、杰玛设计

解决方案 下吹式吊顶・侧吹式吊顶・壁挂式

空调是避暑的好帮手，但安装的位置不对也会带来一些小问题。一般家用空调主要分为窗型、壁挂式和吊顶式，近年来中央空调也很流行。要想空调环境更舒适，除了要有回流设计，让空气循环顺畅外，出风口的位置更是设计重点。

像窗型空调大多是侧面出风，因此在挑选及安装时，要检视家中的空调孔洞在哪边，若在左边，要选择右吹型；若在右边，则要选择左吹型。规划时要注意，出风循环位置处不要加装任何橱柜，以免冷气滞留而无法达到降温效果。

壁挂式与吊顶式空调都有室内外机，属分体式空调的一种。分体式空调除了机器吊挂外，还需要配置冷媒管、控制电源线等，安装时必须使用压力表和真空机。且室内机倾斜角度不能超过5度，否则会因排水管不畅而漏水。

另外，空调若设定为24℃，一旦室内温度到达设定值，压缩机会停止运转。但出风口温度一定比室温低，为12—17℃。在空间规划时，必须注意要避免直吹头部，因此，出风口最好避免直吹沙发、餐桌及书桌椅的位置，若是在卧室，床角、床尾都是适合设计出风口的位置。

方案 1 下吹式吊顶出风口，避开沙发

以吊顶式空调搭配线形出风口设计时，通常分为“下吹式”及“侧吹式”，但都应避免直吹人的头部，因此出风口位置要避开人所在的位置。像左图中这个下吹式的吊顶铝质出／回风口就设计在电视墙前方，目的在于避免直吹沙发区。

方案 2 侧吹式吊顶出风口，制冷面积大

一般侧吹式出风口会被藏在天花板内，风吹的方向由电视柜往下，绕一圈至沙发后再回风排出循环，让人感受舒适的凉风。

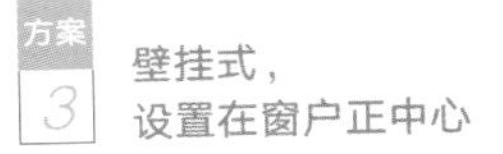

方案 3 壁挂式，设置在窗户正中心

壁挂式空调的出风口在下方，风扇可以摆动，回风则在上方，因此在设计时，要留 5—10 厘米回风的空间。至于摆放位置，一般是在窗户正中心。一来接近墙的窗户开口，让墙的线条减至最低；二来从房间往外看出去，视觉上是最协调的，且离室外机近，配管短，冷循环速度更快，制冷效果更好。

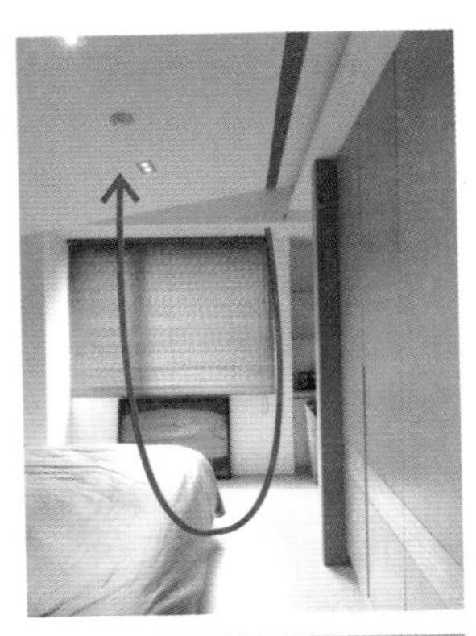

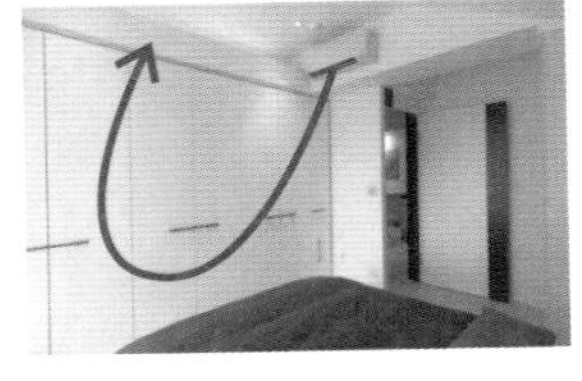

方案 4 卧室空调，出风口设计在廊道

卧室里的空调更要注意不要直吹身体，才不易造成头痛或感冒等健康问题，床角和床尾都是适合设计出风口的位置。

51

我家西晒严重，怎么给室内降温？

文——李佳芳　图片提供——半亩塘环境整合、森林散步、宜修网、富三企业、萧景中

解决方案 遮阳板·Low-E 玻璃·绿植·木百叶 + 遮光帘

朝西的房间每到大晴天的下午，日照辐射热就很惊人，想要加强玻璃的遮阳能力，单单把窗户加厚或使用双层玻璃，效果十分有限。通常双层玻璃是用来强化隔热能力，而非遮阳能力的，但具节能功能的玻璃窗需要兼备隔热能力和遮阳能力。

近来大家常谈到的Low-E（低辐射）玻璃其实是夹入化学反射膜的双层玻璃，既能阻隔一半以上因太阳光的红外线和紫外线所产生的热能，又能保持良好透光性，解决采光和隔热的矛盾。不过，另一种节能百叶玻璃更有意思，它其实是双层玻璃的一种变化，将可调整的百叶设计在玻璃上，可以有效控制太阳入射率，同时又保有易清洁等特性。这两者皆是在住宅难以加装遮阳板时不错的选择。

研究指出，外遮阳设计可以有效阻绝60%太阳辐射热，不过西晒的日射角度很低，外遮阳要有足够的面宽才行，可在窗户外装水平遮阳板或可调式窗户型遮棚。不过，严重西晒最直接的解决方法还是采取垂直式遮阳，例如在窗户内加装木百叶，使用遮光窗帘或是在阳台放盆栽。

提到遮光窗帘，传统遮光窗帘的遮光效果虽然好，也影响了采光。随着技术的进步，现在有了能同时保证采光的调光窗帘或风琴帘，还有在两片窗帘布中间夹一层消光纱，既能遮光又能抗紫外线的“三明治窗帘”，都是不错的选择。

节能百叶　　　　百叶玻璃

Low-E 玻璃、节能百叶玻璃，降低辐射热

将玻璃换成可降低辐射热的 Low-E 玻璃，或可控制阳光入射的节能百叶玻璃。Low-E 玻璃因隔热效果佳，甚至可将原来使用空调的时间减半。

绿植，阻绝西晒辐射热

但无论是深屋檐或是换装 Low-E 玻璃，价格都太贵。其实最简单有效的方法，就是在西晒处的窗台或阳台放上盆栽，爬藤类植物最佳，阻阳兼防尘，一举两得。

深屋檐、水平遮阳板，大量遮阳

除了针对西晒的角度设计窗户通风外，后续还可以在窗户上加装水平遮阳板、可调式窗户型遮棚。还有深屋檐的设计，既遮阳也遮雨。

方案 4

木百叶、遮光窗帘，减少光热入侵

木百叶减缓热的传导，还可调节西晒阳光的直射角度。切记不可使用铝制百叶窗帘，反而会使温度快速上升。

52

敏感体质居住攻略

文——李佳芳　图片提供——杰玛设计

解决方案 揪出易敏角落・全热交换机・植物净化

湿气是影响居住者健康的因素之一，闷湿容易滋生霉菌、细菌，若墙面（或壁纸）出现水痕，或窗框、浴室出现黑色霉菌，就是房子出状况的前奏，一定要立刻找出问题点，以免扩大为健康问题。

基于防盗、隔音等考虑，现代人大多生活在通风不良的空间里，一再循环的过期空气引发严重过敏、病态大楼综合征、空调症的事件也时有耳闻。针对通风条件差的房子，使用空气净化器仅能小范围控制空气质量，最好的方式还是安装全热交换机。

全热交换机原本是用来进行余热交换、作为空调节能控制的设备，但因为全热交换机有低度换气的功能，可过滤空气中的灰尘、花粉等悬浮物，因此很适合用在城市生活空间或不适合开窗的临街住宅，达到免开窗又能健康换气的效果。

虽说为了室内通风，保持开窗是必要的，但城市空气污染指数高，空气中的悬浮粒子容易引起过敏症状。研究发现，窗户全开时，室内悬浮微粒浓度会比关窗时高，会提高居住者罹患心血管疾病的风险。因此，临马路的房子较安全的开窗方式是留10厘米左右的缝隙，并加挂窗帘，流通空气之余降低悬浮微粒飘进室内的机会。

除了依靠机械设备，植物也具有净化污染空气的功用，有研究报告指出，在家中种植吊兰、芦荟、山苏、虎尾兰等，可有效降低室内甲醛浓度。

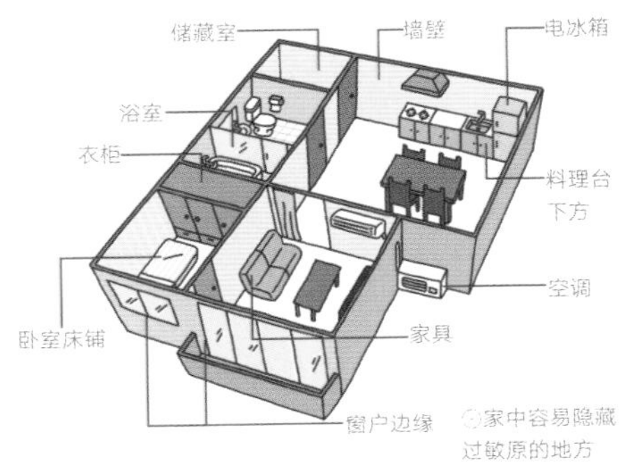

家中容易隐藏过敏原的地方

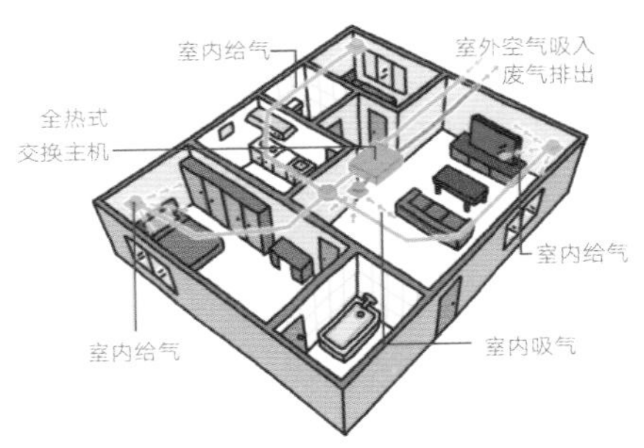

方案 1 揪出过敏原

角落不起眼的霉斑，其实就可能是家中的过敏原，不妨先检测这些角落是否出了问题。千万不要只做表面功夫去掉霉斑，一定要揪出霉菌产生的原因，如墙壁水管破裂、积水和湿气无法排出等，从根本上改善，才能净化居家空间。

方案 2 安装全热交换机

全热交换机有一对一或一对多机型。一对一机型适合一般的高层公寓，一对多机型则适合垂直分层的独立住宅。全热交换机的安装要配合天花板管道设计，进气孔与排气孔的设计最好遵守“客厅进气，厨房排气”或“房间进气，房外排气”的原则。此外，全热交换机运转时必然有些许噪声，可依个人接受度选择机种，安装时避免将主机放在卧室附近。

方案 3 用植物净化空气

台湾环保部门依照单位叶面积滞尘能力与二氧化碳吸收速率，公布了七颗星以上、共 50 种净化室内空气能力较佳的植物（见右表），不妨买几盆回家吧！

净化等级	单位叶面积滞尘能力	二氧化碳吸收速率
十颗星	1. 铁十字秋海棠 2. 非洲堇	1. 非洲堇 2. 圣诞红（可吸收甲醛） 3. 印度橡胶树（可吸收甲醛） 4. 非洲菊（可吸收甲醛、三氯乙烯、甲苯） 5. 嫣红蔓 6. 龟背芋 7. 波士顿肾蕨（可吸收甲醛、三氯乙烯、二甲苯）
九颗星	1. 皱叶椒草 2. 大岩桐	1. 盆菊（可吸收甲醛、氨、甲苯）
八颗星	1. 嫣红蔓	1. 袖珍椰子（可吸收甲醛、三氯乙烯、氨、甲苯） 2. 马叶观音莲 3. 绣球花 4. 马拉巴栗（可吸收甲醛） 5. 西洋杜鹃（可吸收甲醛、氨）
七颗星	1. 丽格秋海棠（可吸收甲醛） 2. 盆菊（可吸收甲醛、氨、甲苯）	1. 金脉单药花（可吸收甲醛） 2. 中斑吊兰（可吸收甲醛）

53

回南天空气潮湿惹人烦，怎么对付？

文——李佳芳　图片提供——信尚国际有限公司、六相设计

解决方案 吊顶式除湿机·地暖全面恒湿·加热器或发热片

每年春天，南方地区都会笼罩在回南天的阴影里。墙壁甚至地面都会“冒水”，家里到处湿漉漉，空气似乎都能拧出水来。虽说良好的采光通风就是最好的防潮设计，但遇到这种“天灾”，还是很难幸免。

这样的返潮现象对木地板伤害尤其大，一般施工时会在底板与水泥地板间都铺上一层薄薄的透明防潮（水）布，是隔绝地气、防止返潮侵袭的关键。万一房子靠山，或在一年四季都很潮湿的低洼地区，可利用天花板加装吊顶式除湿机，控制整个房子的湿度。相较于一般冷暖两用空调的除湿功能，仅有单一功能的除湿机性能更佳，也更省电。

除了用除湿机，木炭也具有除湿功能。以12平方米的空间为例，四个角落各摆7—8千克木炭最理想。将木炭放在透气的竹篮或藤篮里，置于空间对角位置，约每三个月清洗晒干一次，可重复使用。

除此之外，地暖也多少有降低湿度的功能。国内地暖多用金属发热片，效果类似电热式除湿，原理是利用电能加温地表空气，提高空气中的露点温度，以降低空气中的相对湿度。

针对小且密闭的空间，例如储藏室或更衣室，可用加热器或发热片，设计原理与地暖相同，普通大小的更衣室只需挂上一片，就可达到些许除湿效果。如果是定制衣柜，直接将发热片埋入胶合板内就可以打造会除湿的衣柜了。

方案 1

天花板上装设吊顶式除湿机

利用天花板加装吊顶式除湿机，不占室内活动空间，也不会显得公共空间杂乱。可用遥控器操作，且通过空调冷凝排水管排水，免除倒水的麻烦。购买时建议选择整机镀锌钢板的款式，耐用坚固、噪声小。

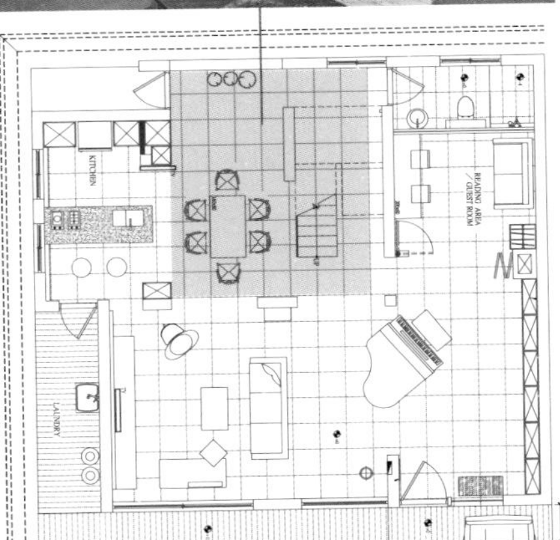

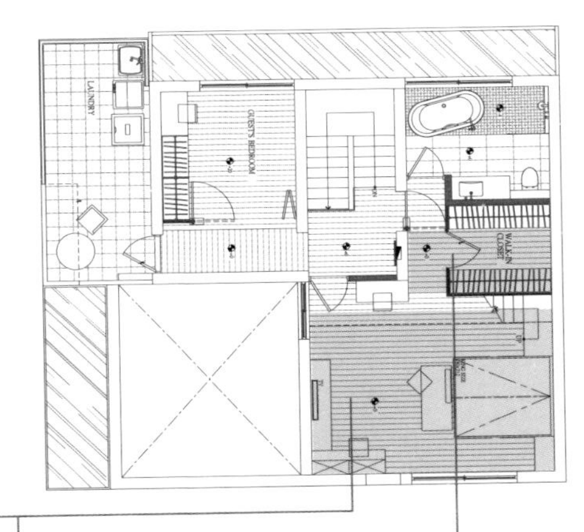

方案 2

地板加铺地暖，恒温恒湿

10 平方米的空间铺满地暖，1 小时可将露点温度降低 1℃，当地板温度达到 34℃恒温时，最多可降低露点温度 3—4℃。铺设前最好先规划好家具摆放的位置，以免造成浪费。

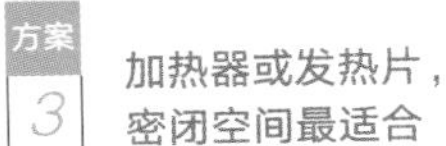

方案 3

加热器或发热片，密闭空间最适合

密闭空间可设计除湿机专用落水头直接排水，免除再倾倒，也可装加热器或发热片，让橱柜空间更清爽。

54

我家浴缸边的硅胶老发霉，怎么办？

文——李宝怡　图片提供——博森设计、金时代卫浴、家事多

解决方案 用深色硅胶・重新刮除・用填缝剂阻绝

浴缸边、水龙头接缝处、干湿分离的淋浴拉门边、厨房水槽接缝处的硅胶，在使用一段时间后，很容易出现黑黑的污点，其实这个就是硅胶发霉了。

或许你会觉得奇怪，明明交代师傅用“防霉硅胶”，为什么不到半年，仍会产生霉菌斑点呢？其实这也不能怪师傅，主要原因在于厨房及卫浴间太过潮湿，再加上洗澡用的沐浴露及洗发水容易与硅胶产生霉化作用。

厨房或卫浴间的硅胶发霉，从施工开始就要防范。比如在传统的硅胶外面再补一层瓷砖填缝剂，还要做好泄水坡，不让水停留在硅胶上，就不会让霉菌有机可乘。

每次用完厨房及卫浴间，最好养成擦拭干净的习惯，让硅胶表面保持干燥，并在发现霉点时快速用漂白水敷在硅胶发霉处，但这只对霉根浅的霉菌有效。也可以将原本发霉的地方用小刀刮除，重新上硅胶。若怕麻烦，也可以请专业的师傅协助。

对懒人来说，如果觉得以上都太花费时间跟精力，就把厨房或卫浴设计成黑色或深色系，搭配深色的硅胶，这可能是最方便的方法。

方案

1 深色瓷砖＋深色硅胶

除了市面上常见的白色和透明硅胶，其实还有深色的可供选择，如棕色、黑色，即便发霉也不易发现，但平日还是要有保持干燥的习惯。因为深色硅胶比较显眼，如果不是搭配深色瓷砖，最好请专业师傅施工才不会影响美观。

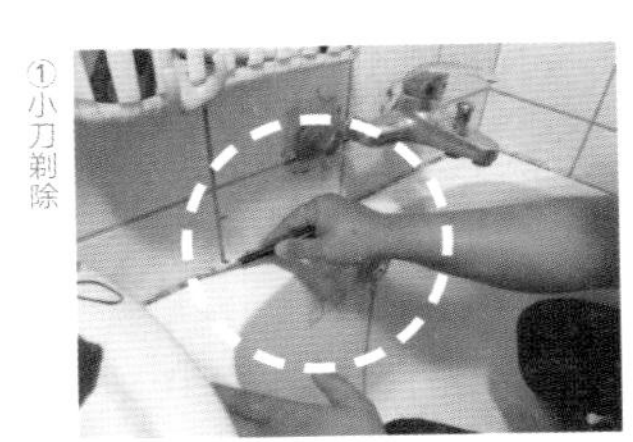

①小刀剃除

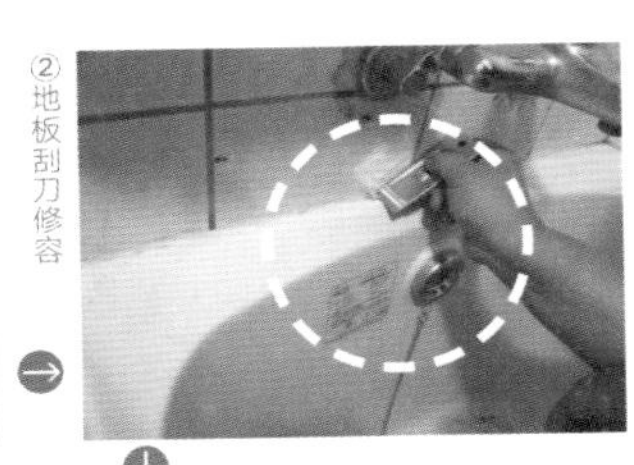

②地板刮刀修容

③纸胶带保护＋填入硅胶

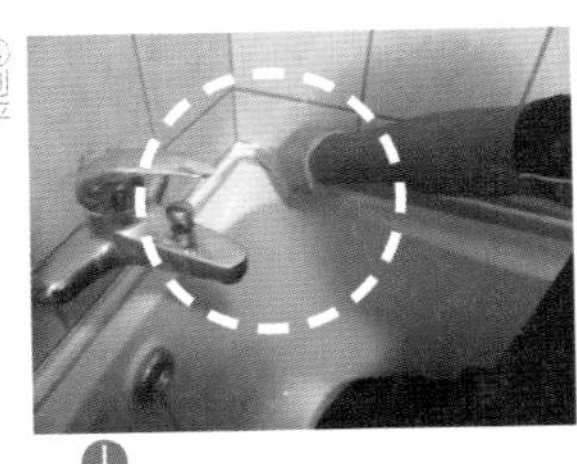

④刮平

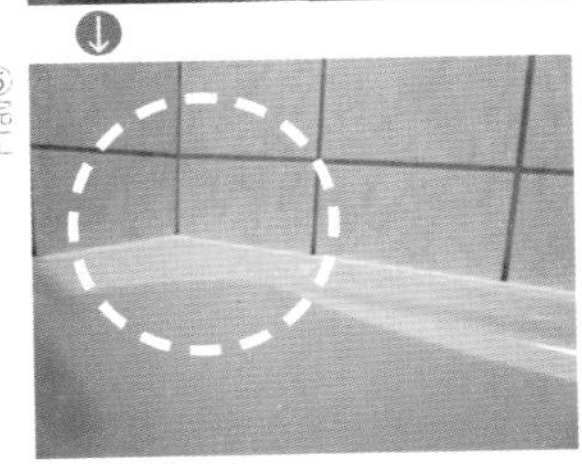

⑤完工

方案

2 直接挖掉发霉处，重上硅胶

万一情况很严重，很难用漂白水等简单的方式来解决，建议直接刮除重上。只要自备刻刀刮除硅胶发霉处，再用小型地板刮刀修掉残留硅胶，四周用纸胶带保护起来，填入防霉的中性硅胶，用刮刀整平即可。具体步骤见上图①—⑤。

方案

3 硅胶＋填缝剂

用传统的硅胶做厨房家具及卫浴设备接缝剂时，最好再补上为瓷砖填缝的填缝剂。

55

想每天
在暖烘烘的棉被里入睡

文——魏宾千、李宝怡　图片提供——尤哒唯建筑师事务所、瑞铭

解决方案 女儿墙・半罩式铁窗・烘被机

据调查显示，最能让人感到幸福的，并不是赚了多少钱或中了大奖，而是在晚上回家后，可以躺在吸饱了阳光的暖烘烘的棉被里，睡个舒服觉。好像就算有再大的烦恼，只要躺入暖暖的被窝，连做梦都会笑！

的确，生活在拥挤的城市，平日连太阳都很少见到，再加上朝九晚五的工作状态，想要晒棉被只能等假日。但真的到了假日可能就变了天，老天爷一点也不给面子。晒棉被这件事就成了梦想，而幸福也成了梦……

晒棉被最要紧的是阳光能不能照得到，大城市的老旧住宅有太多铁窗，导致阳台的女儿墙被牺牲，也牺牲了晒棉被的便利性。其实试着将铁窗拿掉，通过一些设计，如以铁件设计窗台，搭配内部才能开锁的有锁型气密落地窗，把阳台及露台释放出来，晒棉被的梦想才会近在咫尺。尤其是房子的西晒面，夏季午后阳光强烈，正适合晒棉被、高温消毒，再昂贵或精密的设备都不如自然的太阳光，既环保又自然，且安全性高。

另外，目前市场上也有不少可以暖被的设备，像是烘被机，可以把温暖装进被子里，抱着它好好睡上一觉。若预算更充裕，则选购有热气的中央除尘设备，除尘兼消毒过滤也是不错的选择。

方案 1

舍弃铁窗，善用女儿墙

为家人的健康着想，改造阳台势在必行。清除不再使用的旧物、杂物，保持阳台空间干净整洁，并拿掉铁窗，保留 100 厘米高的女儿墙，地面简单地铺上松木地板，不仅晒棉被时能派上用场，平日也多了一个休闲的轻松角落。

方案 2

半罩式铁窗、铁窗逃生口，弹性日晒所

若对治安不太放心，可以选择可上锁、有逃生口的安全铁窗，或半罩式铁窗，其开口宽度建议约 150 厘米，也就是对开分别为 75 厘米，以方便晾晒棉被。

方案 3

运用烘被机，随时暖被又暖心

家中配备一台烘被机，就没有“看老天爷脸色”的问题，想要暖被，随时启动设备就可以了，价格也不贵。

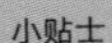

小贴士

中央除尘系统，除尘螨还可暖被

预算足的话，可以安装一台号称美国医疗设备等级的中央除尘系统，不必搬动主机，只要管子一插即可使用，十分方便，且机器本身在吸尘时会产生热气，让棉被或布料产生温热感。

56

洗澡时热水等太久，甚至洗一半出冷水？

文——李宝怡　图片提供——尤哒唯建筑师事务所

解决方案 热水器选择・热水器容量・保温套・加压马达

想要热水快点来，其实有几点要注意：检视自家的热水器容量是否足够、有无稳定的水量和水流，以及是否有保温套。

先谈热水器的问题。家用热水器分为电热水器与燃气热水器，其中电热水器又分为即热式热水器和储热式热水器，而燃气热水器分为烟道式热水器和强排式热水器。一般来说，燃气热水器比电热水器便宜很多，但基于安全考虑，电热水器更受欢迎，而且没有燃气热水器出水忽冷忽热的问题。

但是电热水器的瞬间开关电流高达30安培，一般三室两厅的住宅总用电量也不过70安培，如果又有电炉、烤箱及电磁炉等家电一起使用，反而容易因电力不足而导致加热速度慢，因此最好在电力上好好规划及思考。至于燃气热水器容易忽冷忽热的问题，除了可以选择带恒温功能的产品外，也要检视一下当初购买的热水器热水产率是否足够。

还有水流水量的问题。其实30年以上的老房子容易有水压不足的问题，建议加装加压马达。再者就是现在热水管多半是不锈钢材质，加热传导速度快，但冷却也快，不妨在热水管外面再覆盖保温套，提升保温效果。

方案 1

依使用习惯选择热水器

热水器种类很多，一定要选择适合自己的。以价格而言，燃气热水器较便宜，但就居家安全性而言，电热水器较受欢迎。如果喜欢泡澡，最好选择储热式电热水器，而即热式电热水器适合淋浴，且每次使用时间最好不要超过 15 分钟。

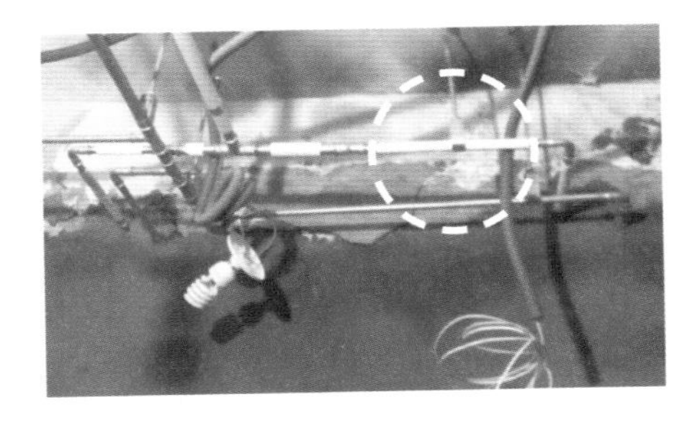

为热水管加装保温套

由于热水管多为不锈钢材质，建议从热水器至浴室这段管子最好用保温套包覆起来，否则热水容易变冷。

检视热水器容量够不够

即便热水器有恒温功能，若热水产率不够，洗起来水还是会不够热。无论是哪种类型的热水器，以一家 4—5 人，且有两间浴室同时使用的情况为准，20 升的就足够了。但如果不是一个接一个马上就要洗的情况，建议选 25 升的储水式电热水器。

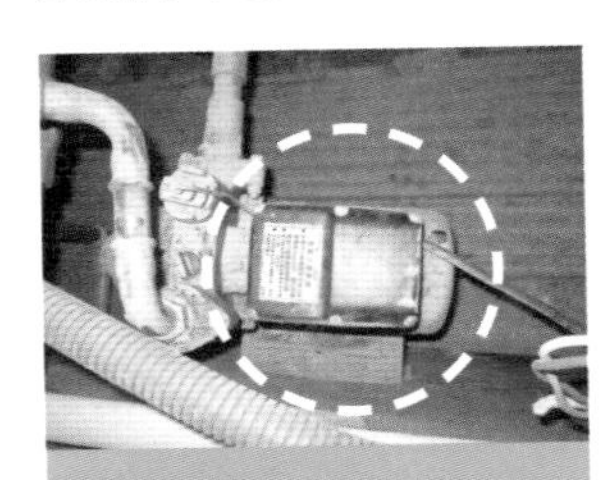

小贴士

水量小可用加压马达

水压是否足够，可以将热水器的出水量和一般水龙头的出水量做比较，如注满同一水桶的时间差不多，则可合理推测出水量应相同。水量小的话建议加装加压马达，由室内给水开关控制，同时加大热水管管径。

57

厕所“遗臭万年”，恐怖气味到底从哪儿来？

文——李佳芳　图片提供——半亩塘环境整合、AmyLee

解决方案 当层排放・U形排水管・防蟑防臭型落水头

厕所排风扇抽出的空气大多都被送到管道间，再往上从顶楼的出风口排出。如果管道间的墙壁没有填塞好，臭气就极有可能从缝隙渗入室内。所以，使用管道间排气的房子，第一个要检查的就是管道与墙壁间的缝隙是否填塞好了，否则再怎么排风，废气还是会回流到室内。此外，也经常因为施工者的疏忽，没有将排风管接上管道间，废气只是被抽到天花板上面，根本没有真的排出，甚至还可能溢散到家中其他空间。第二，则要检视排风扇是不是虚有其表。厕所排风扇的功率是否足够、是否有逆止阀设计都是至关紧要的细节，否则排风扇反而会成为臭气倒灌的通道。此外，排风扇的设计最好是在厕所关灯后，还能继续运转一会儿才停，避免“前人如厕，后人闻香”的尴尬状况。

对付厕所臭气，最好的方法还是设计当层排放系统。装修时在天花板预留空间安装排风管，从最近的外墙排气，原本管道间的风管口就可填塞不用。

此外，厕所内传来其他住户的烟味也很让人恼火，烟味不只会从天花板的管道间飘出，也会通过水管进入，得检查看看家中水管是否为可储水防臭气回逆的U形管。

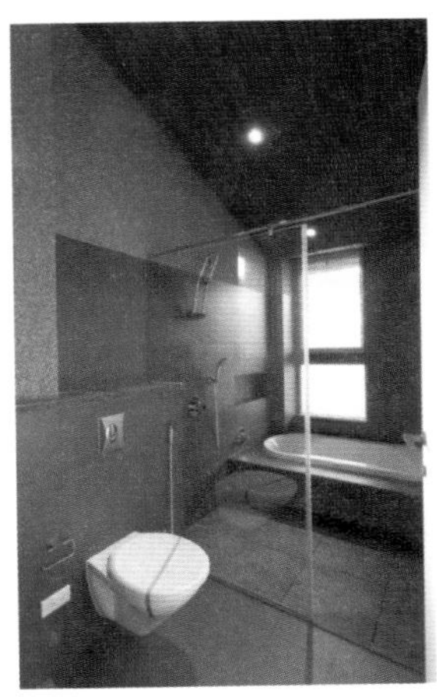

当层排放，断绝管道间臭气干扰

如上面三张图所示，在装修时，最好在天花板上方的空间安装排风管，从最近的外墙排气，原本管道间的风管口就可填塞不用，避免空气质量受到管道间影响。

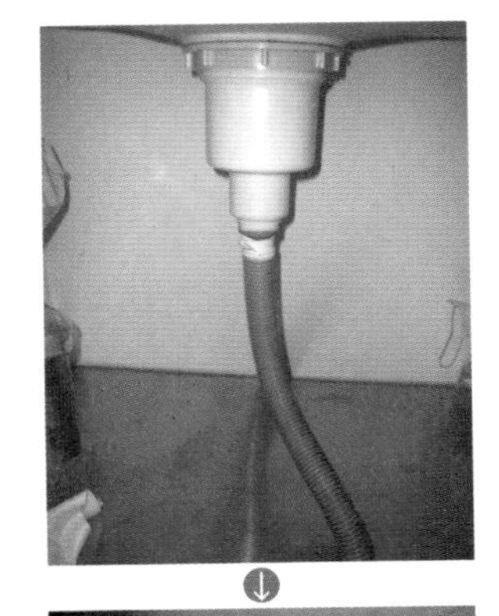

将 I 字形排水管改为 U 字形

如左图所示，I 字形水管没有存水弯，无法将水留在管内阻绝空气，臭气当然长驱直入，解决方法是在明管部分加上 U 字形设计。如果是 U 字形水管溢臭，则可能是被杂物或油污堵住，或严重点是存水弯设计不良，导致水封被主干管带走，也可能是水管内水封干涸，导致烟味有隙可钻。若 U 形管被油污堵住，可灌入热水，30 分钟后油污会自行溶解；若是其他状况，请找水电工修理。

防蟑防臭型落水头，地漏气味不回流

万一臭气是从地上的排水落水头散发出来的，有可能是因为没有做存水弯设计，只要替换成内建水封的防蟑防臭型落水头，问题就解决了。若是地上的排水口已有存水弯，别忘了定期加水。

小贴士

如何挑选合适的厕所排风扇

厕所排风扇的功率到底够不够？测试方法很简单，只要在厕所里点上一根烟，看看烟味能否很快被排风扇吸上去排出，如果没有，就代表性能有待加强。

58

上厕所变成苦差事，要如何避免便秘？

文——李宝怡　图片提供——杰玛设计、金时代卫浴、宽空间设计美学

解决方案 温水轻刺激 + 暖座好放松，智能马桶帮大忙

便秘若一直放着不管，很容易就会变成痔疮，除了每天要健康饮食和保持良好的排便习惯外，还有一个很好用的工具，就是智能马桶。

根据专家研究显示，每天在方便之后用温水冲洗肛门五分钟左右，就可大大改善肛门的血液循环，不但有助于防治疾病，并且能够缓解便秘。而且智能马桶有自动洗净功能，能帮行动不便的老人或已得痔疮的人省去抬屁股回头擦拭，以及纸面摩擦患部疼痛的烦恼，十分好用。冬天使用，更是一大享受。

购买智能马桶前，可以选择和家中马桶同品牌的产品，在尺寸以及规格上比较吻合。还要考虑需要什么功能，是要基本款的温水冲洗，还是暖座、除臭、就座感应等功能，这些都会影响智能马桶的价格。

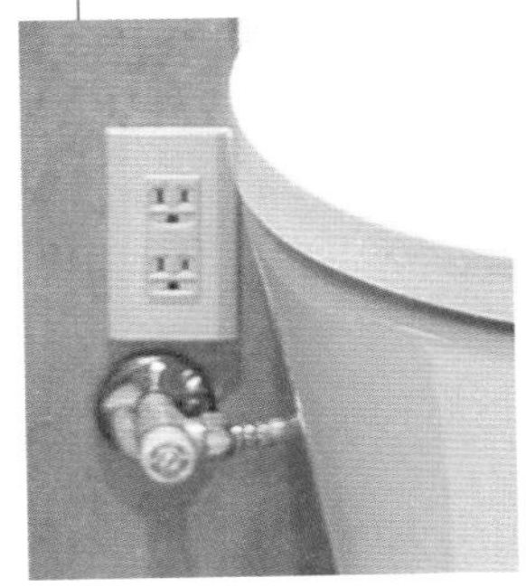

方案 2 地线、插座电线及水管要接好

安装的时候，除了马桶旁要有插座及水管要接好外，马桶座的绿色地线要拉好，一般缠好水龙头的金属部分就可以了。

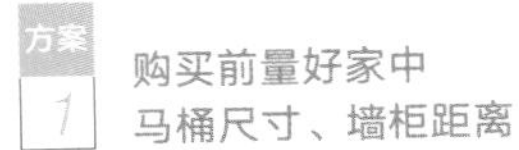

方案 1 购买前量好家中马桶尺寸、墙柜距离

最好先量好家中马桶的尺寸，包含外径与内径，还有马桶离水箱和侧边墙壁及浴柜的距离，若太近，操作面板附在马桶上的款式可能放不下，需要采购带遥控器或红外线感应功能的产品。

方案 3 面板最好用亚克力贴纸防护

在保养方面，因为有控制面板的关系，所有智能马桶都会注明不可用水冲洗。建议安装完，在面板上贴一层亚克力贴纸防水。平时用抹布擦拭即可，万不得已必须用水冲洗的话，建议由上往下淋，不要由下往上冲。

59

楼上安静点！夜半走路声及冲水声如何消除？

文——李佳芳　图片提供——AmyLee、杰玛设计、尤哒唯建筑师事务所

解决方案 填充隔音材料・隔音条・隔音毡・水锤消除器

天花板总是传来楼上住户的声响，是高层住户偶尔难忍的噪声问题，也是邻居间闹得不愉快的主因。毕竟生活习惯不同，与其期待他人改善，不如先从自己着手。降低楼板传递的噪声，最简单的方法是在天花板内部制造空气层，缓冲噪声传导，若能加入隔音材料，更可强化隔音效果。

至于隔音棉、吸音棉，哪一种才有隔音效果？答案是高密度、无弹性、不透气的隔音棉。购买时，最好选择有权威机构测试报告的产品，例如2毫米防焰级隔音毡，隔音值为28dB（分贝），与铝窗或实木门隔音值（25—32dB）接近，再搭配正确施工方法，才能让隔音工程达到理想效果。

夜深人静时，马桶冲水或浴缸排水声常常扰人清梦，要降低这类水流噪声，可买来隔音毡剪成宽条状，以重叠缠绕的方式包裹水管，再在天花板加装复合隔音毡即可。排水噪声会因为住户与楼层的多少而程度不同，若声响特别大，可多缠绕几层。要是想加强隔音效果，还可在厕所门框与门槛处粘贴隔音条。

方案 1

天花板板材粘贴隔音毡、填充隔音材料

天花板内部要扎实填充高密度玻璃纤维棉板或岩棉板（切勿使用泡棉、泡沫塑料或发泡橡胶），此外，注意所有固定于水泥楼板与墙面的角材，必须先用白胶或强力胶粘两层 2 毫米厚的隔音毡（隔音毡之间不能留缝隙），形成具有隔音效果的框架。若是家中已经有天花板，也可局部开孔施工，填入岩棉板，然后再以粘有两层2毫米隔音毡的板材平封。若想达到最佳隔音效果，灯具建议使用吸顶型，避免使用需挖洞的嵌灯。此外，考虑安全防火，天花板内部的电线要用 PVC 管保护好。

门缝贴隔音条，减少漏声问题

想杜绝管道间的噪声，还可用隔音条粘贴在厕所的门框与门槛处，避免门窗缝隙漏声。

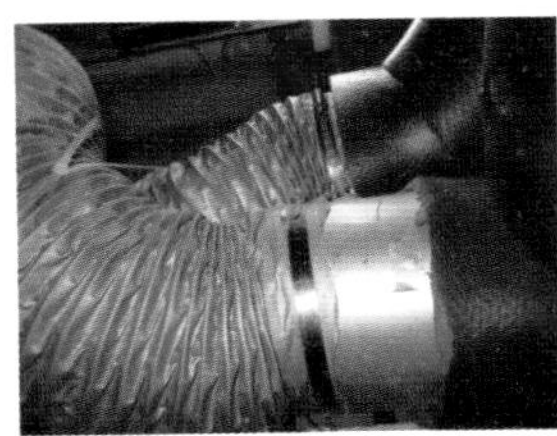

所有水管及风管线缠绕两层隔音毡

要降低粪管或排水管的水流噪声，以及风管的噪声，可买来隔音毡包裹水管，然后在天花板加装粘有隔音毡的板材即可。

小贴士

加装水锤接收器、排水管增厚，减少水管发出怪声

如果经常听见滚弹珠的声音，这是水管中的“水锤效应”导致，水管内空气因重力与水管产生共振而发出巨大声响，最容易发生在高楼或老旧公寓里。解决方法是把排水管换成铸铁管或环氧树脂粉体涂装钢管，并增加 PVC 管厚度，或者加装水锤消除器。

60

风吹雨打、车水马龙 24 小时不打烊，何时才能让家静下来？

文——李佳芳　图片提供——隔音达人 Sealgap、杰玛设计

解决方案 隔音窗·气密条·发泡剂填缝

要改善环境噪声，必须先揪出“漏声”的主凶。

若是门缝或窗缝漏声，可先用隔音胶条粘贴在窗框凹槽处，自制气密门窗，试试看能不能解决问题。若仍无法将噪声降低到可忍受的范围内，再考虑市面上所谓的“气密窗”或“隔音窗”。

隔音窗必须经过测试认证，隔音系数达50STC（声音传播分级），不仅拥有高气密性，还搭配双层真空玻璃阻绝声波传导。隔音窗建议最好搭配8毫米＋8毫米的双层玻璃。若因预算问题，可折中选择气密窗，再搭配8毫米以上的加厚玻璃或双层玻璃，能显著提高隔音效果，减弱声音的穿透。

有个简单的方法可以判定气密窗的好坏。好的隔音气密窗，只要将窗户关起来，能隔绝90%以上的高频噪声（汽笛、鸟鸣等），但多少还是会听到低频噪声（公交、卡车和摩托车的声音），因为低音频的声音可以穿透墙壁。倘若已装上隔音窗，噪声仍然明显，则有可能是外墙或楼板本身厚度不足，可先于局部墙面试装隔音板（毡），确定有所改善再全面铺设。

特别值得一提的是位于强风地带的房子，急促又刺耳的声音常让人感到紧张。建议最好检视一下家里的空调孔、排水孔、吸油烟机风管排风口有没有安装逆止阀，防止强风灌入。管线穿孔的缝隙可使用泡沫填缝剂来填塞。

方案 1

选用气密窗、隔音窗

隔音窗可以有气密功能，但气密窗却不一定可以隔音。两者最大的差别在于隔音气密条、铝的挤型与玻璃规格。气密窗的款式变化万千，圆弧、八角等窗型皆可安装。开窗方式有平开窗、推拉窗、上下悬窗等。至于隔音性能，固定窗 > 推拉窗 > 平开窗。

改造前

改造后

方案 2

窗缝门缝粘贴隔音条，自制气密窗

若家里仍使用一般铝窗，暂时不方便更换成气密窗或隔音窗，可以买来隔音胶条或门窗气密条粘贴在窗框凹槽处的缝隙（如上面的改造图所示），观察是否有隔音效果。

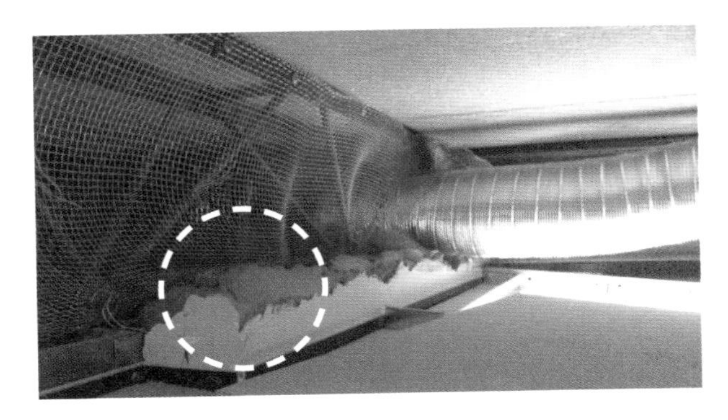

方案 3

泡沫填缝剂，填补家中所有风管空隙

如果家里用的是窗式空调，也建议换成分体式空调，并用木板加泡沫填缝剂填补好窗口，以免噪声进入。泡沫填缝剂被注入空调孔、排水孔、吸油烟机风管的空隙或孔穴后，会逐渐膨胀至完全填满缝隙，凝固后可用美工刀削去多余部分，再涂上油漆或水泥修饰表面即可。

小贴士

逆止阀，排烟管口防风声

居住在高楼大厦或是在风大的区域，时常会听到呼呼风声，建议在排油烟管口安装逆止阀，可阻隔强风灌入的声音，也能防雨水及蚊虫、蟑螂、老鼠等。

61

想偶尔在房间放音乐，又不想吵到家人？

文———李佳芳　数据、图片提供———隔音达人 Sealgap、尤哒唯建筑师事务所

解决方案 隔音毡＋石膏板・采用实墙隔音

房间的隔音不佳，原因可能是墙壁太薄或门缝太大，可以用隔音条加强门缝隔音。墙壁隔音效果从好到差，依次为红砖实墙、白砖、轻质隔墙、木墙。即便是轻质灌浆墙，隔壁的音乐和讲话声都能清楚听见。因此，若怕自己在房间的活动会吵到家人，最好的方法就是用实墙隔间。如果已经有了轻质隔墙，需要设置长和宽100厘米，厚3毫米的隔音毡约6公斤，才能有效阻止声音的穿透。

另外，铺木地板的房子，通常木地板与地面形成的中空缝隙，易导致低频共振与共鸣，而使家里的声音听起来更响。因此不妨以3毫米厚的隔音毡取代防水布，铺的时候最好将木板侧面也一并包覆，避免木板与墙壁接触面产生传导共振。若是架高地板，则可在板下铺上隔音毡或岩棉，或者从软件着手，铺上厚地毯减少回声。但切忌用玻璃纤维棉、PU（聚氨酶）泡棉，对隔音无效。

隔音毡 + 石膏板，阻隔地板噪声

若怕木地板会吵到家人或是楼下的人，可以粘贴3毫米的隔音毡，再打一层15毫米厚的石膏板，即可有很大改善。还可以钉5厘米厚的木龙骨架，再上15毫米厚的石膏板和3毫米厚的隔音毡，再加上6—9毫米的硅酸钙板或15毫米的石膏板，隔音效果还不错，可以试试看。

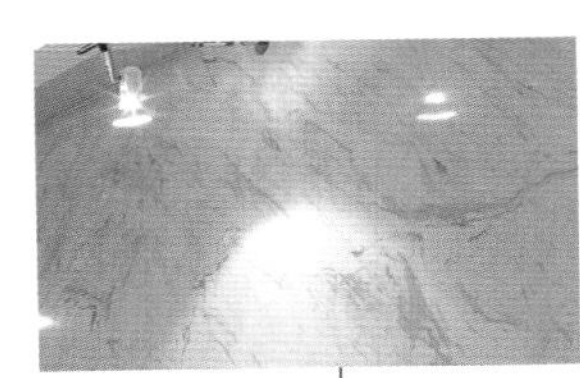

实墙隔音效果好

隔间拉门墙几乎无隔音功能

方案2 隔音效果 实墙 > 轻质隔墙

虽然轻质隔墙号称有隔音棉，但多半用的是玻璃纤维棉或PU泡棉，只有吸音效果，不能防噪声及共振噪声，还是砌实墙比较实用。

62

炒菜油烟真难缠，如何快速排出保清新？

文————李佳芳、魏宾千　图片提供————尤哒唯建筑师事务所、杰玛设计、安薪实业、新井实业

解决方案 一排・二隔・三防灌

厨房油烟一直以来都是主妇们最关心的问题，追根究底，良好的排烟设计是最大重点。解决油烟问题有三招：有效的排烟装置，隔离散逸油烟，防止油烟倒灌。

吸油烟机无法发挥功能，问题多半出在马力不足或安装不良。吸油烟机的基本排风量至少要每分钟11立方米，大部分产品大概都在每分钟15—16立方米，最新产品可达每分钟22立方米，但售价较高。

喜欢开放式厨房，又怕油烟味儿，除了选择大功率的吸油烟机，不妨搭配加压马达。炒菜的同时启动马达，提高吸油烟机的马力，迅速排空油烟。但也要注意吸油烟机的安装及设计问题，若离炉灶面太远或风管设计不良，也难以达到最佳效果。不过吸油烟机不能只看排风量，食材下锅的瞬间会产生大量油烟，因此油烟罩的形状相当重要，深罩式、斜背式更好，再加上导烟板、烟挡等，可以提高排烟效率。

另外，也要检查出风管的安装，若出风管超过3米，需要加装中继马达，确保废气送到出风口排出，否则关掉吸油烟机后，废气又会回流到室内，导致余味不散。

还可以在出风口加装逆止阀，防止油烟倒灌。或者选择直流变频吸油烟机，平时可维持低段风速静音抽风，保持管内正压状态，兼具室内换气功能。

方案 2

利用拉门、玻璃隔间防止厨房余味扩散

如左图所示，开放式厨房可加装活动拉门或玻璃隔间，一来制造视觉的连续性，同时隔离厨房油烟，二来玻璃材质更容易清洁和保养。

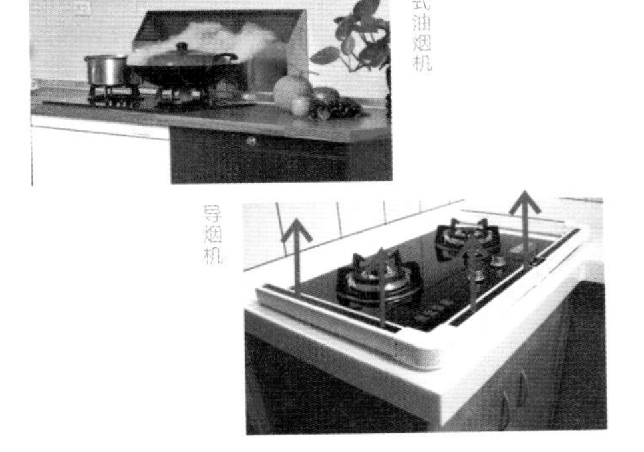

方案 1

排油烟，选对和装对吸油烟机最重要

最适宜的吸油烟机高度是离炉灶台面 70—75 厘米，超过这个距离，油烟容易散逸，效果大打折扣。此外，炉灶口最好与排风机在垂直线上，而吸油烟机与排风口之间最好是最短的直线距离，过长或转弯多都很难让油烟顺畅排出。

方案 3

导烟机、诱导式油烟机，增强排油烟效果

如果想用完全开放的设计，可以在炉具外围安装导烟机，利用风墙防止油烟散逸，加强吸油烟机的集气效果。安装时最好与吸油烟机联动，方便使用。若预算足够，建议升级至大吸力的诱导式油烟机，或是环保的水幕油烟机。

63

怎么解决家里的“虫害”问题？

文——李宝怡 图片提供——尤哒唯建筑师事务所、KII 厨具

解决方案 防蟑橱柜 · 防蟑封条 · 防蟑落水头及水槽 · 除蚁 + 防蚊

家有小强（蟑螂别称）这件事，可以说是大家共同的困扰，除此之外，还有夏天烦人的蚊子也来掺一脚，到底有什么办法解决家里的“虫害”问题呢？

首先要保证室内环境干净整洁，比如饭后马上整理厨房，每天清倒垃圾、厨余垃圾密封好等。如果楼下或隔壁是餐馆，建议家里所有排水孔都要做防蟑处理，防止蟑螂从别人家爬进来。

目前，防障的手段大概有这几种：柜体悬空打光、臭氧除蟑、装设防蟑板材厨具或电子防蟑。其中后三者的费用都不便宜，要视预算而定。

关于防蚊，建议所有门窗都装上纱窗，同时检视周围环境是否有积水问题，把积水清理干净才能防止蚊虫滋生。若有景观性水池但又没有养鱼，可以倒些茶树精油便能防止蚊虫滋生。另关于小黑蚊，只要把屋里屋外的青苔清除，小黑蚊就不会被吸引到家里来。

至于白蚁，若在装修前都用了防蚁建材就不用担心。万一真的有白蚁入侵，还是请专业除蚁公司来处理吧。

柜体悬空打光 + 防蟑板材，不怕小强入侵

橱柜设计悬空，并在柜体下方打光，利用蟑螂喜暗怕光的特性降低蟑螂接近的可能性。另一种方法是使用防蟑板材，这种板材在表皮上加了特殊药剂，会散发蟑螂不喜欢的味道，以此击退蟑螂，效果可达 10 年，但价格不菲。

防蟑封条要安装到位

不少橱柜厂商为了方便及省钱，在电器与厨房家具接触处都没有做防障封条处理，导致蟑螂很容易隐藏在此，尤其是水槽和炉灶下面的柜子，要特别注意。

防蟑落水头 + 大提笼防蟑水槽 + 防蟑存水弯

如果可以的话，所有地板落水头或排水口都选择如左图所示的防蟑落水头，这样就能阻挡大部分蟑螂了。水槽也要防蟑，大提笼款就有防蟑功能。水槽排水管也建议换成有防蟑功能的存水弯，最好可以拆卸，以便未来定时清理。

找专家除白蚁，清绿苔防小黑蚊入侵

近年常出没的小黑蚊，其食物就是墙角的青苔，所以建议时常清理，同时装设密合度高的纱窗纱门。至于白蚁，建议找专业除蚁专家处理，但装修时可以做好预防措施。可在板材进屋前施药一次，完工后再针对所有木柜、木质天花板及木地板施药，每次药效可维持 3—5 年。

64

住在高层，防坠措施怎么做？

文————李佳芳　图片提供————家适美隐形铁窗、汉峰精致门窗、尤哒唯建筑师事务所

解决方案 防坠纱窗・安全锁・隐形铁窗

最经济的选择是在窗框上加安全锁，将窗户开口限制于安全范围内，平时也能保持通风状态。窗户安全锁可分为两种——警报型和定位型，皆可自行安装。警报型其实主要用于防盗，窗框有大动静时会触发警报。定位型则是直接将窗框锁住，万一被卡住，只要转开或用钥匙开锁就能解决，缺点是窗户只能局部开启，且锁很容易被孩子撬开。

至于阳台的防坠设计，隐形铁窗是不错的选择。在阳台四周装上铝型材，上下（或左右）以钢丝绳串联形成防护网，由于绳索细小强韧，15米外几乎看不见，不会影响建筑外观。安装时要注意，钢丝绳最好上下都固定于建筑水泥结构上，若安装在栏杆上，时间一久，栏杆会因为钢丝绳的拉力渐渐变形，导致绳索松弛，失去防坠效果，若栏杆上镶嵌了玻璃，甚至还可能有玻璃松脱的危险。隐形铁窗也可以安装在窗户上，除了外推窗的只能安装在室内，其余内外皆可。若是遇到火警等紧急状况，只要用钳子剪断即可逃生。

平开窗加装纱窗和防坠横格

平开窗打开后，通风口完全没有防护的功能，可在纱窗与窗户之间加装防坠横格。

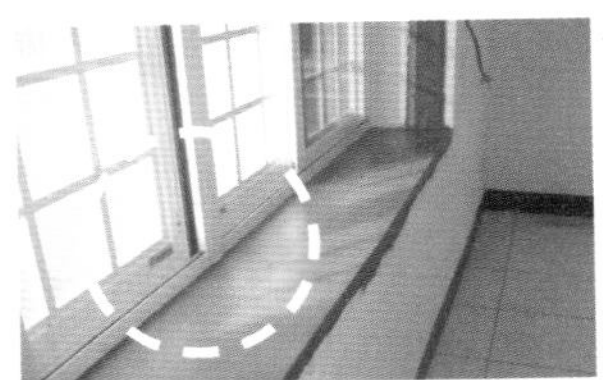

格窗+强化纱网

安全锁

格窗+强化纱网+安全锁，多重防护

如果想大范围开启窗户，还有另一种防坠纱窗可考虑。如上面两张小图所示，这种纱窗由格窗加上强化纱网组成，施工时不需要另做新框，直接安装在窗户轨道上即可，并且附安全锁功能，防止孩子拆开，拆卸清洗也方便。只是安装后，另一扇窗户就无法打开，所以最好安装在习惯开启的那一侧。

隐形铁窗，美观又安全

阳台、露台及女儿墙适合安装隐形铁窗，但要注意：钢丝绳必须经过户外防水防锈处理；每隔15—20厘米以白铁壁虎螺丝固定在建筑水泥结构上；完工后测试钢丝用力拉开的间距小于15厘米，才能达到防坠效果。

女儿墙防护

阳台防护

窗户防护

65

早上醒不来，有没有戒掉赖床的办法？

文——魏宾千、摩比 图片提供——尤哒唯建筑师事务所、德力设计、杰玛设计

解决方案 迎接日出 · 临窗设计 · 透光帘 · 电动窗帘

如何克服赖床？这对长时间生活在高压城市的人来说，绝对是一个大难题。除了审视个人生活作息与睡眠质量外，其实可以通过空间设计一步步摆脱赖床的习惯。

空间的明亮度在某种程度上有提示昼夜变化的意味，三面通透的采光设计让人可以无时无刻不感受到阳光带来的时间轨迹。将床设置在家里最靠东的位置，能直接感受到每天的第一道阳光。也可以把床放在离窗户最近的位置，如果还有一个深120厘米以上的阳台就最好了。铺上南方松或木纹砖，再创造一点绿意，这里甚至可以化身为吃早餐的场所。如果每一天都可以从这里出发，相信人们会慢慢爱上早起。不仅如此，这个过渡空间也可以成为每天舒展身体的场所，借此唤醒体内每一个细胞。

除此之外，窗帘更是好帮手。如果预算充足，可安装电动窗帘并设定开启时间。时间一到，窗帘如同闹钟般自动开启，把阳光迎进来，让你不得不爬起来，离开床，开始新的一天。

方案 1
把主卧设置在迎接日出的方位

如果没有其他建筑物挡住，一般而言，位于东侧的房间会先感受到太阳的升起。在此设置睡眠区，就能自然被太阳公公叫起床，但此法不适用于大楼低楼层。

方案 2
床临窗，让阳光晒得到床

如左图所示，使用落地窗更佳，因为阳光照射面积更大，让大自然的光叫醒赖床的你。

方案 3
善用透光布帘或卷帘，让晨光透进来

有遮光效果的透光布帘或卷帘虽然可以遮去 80% 的阳光，但同时也因布帘或卷帘的透光性，当黑夜远去，朝阳东升时，能让人感受到温柔的光并醒过来。

方案 4
用电动窗帘取代闹钟

设定好时间，电动窗帘便会准时开启，让阳光洒进房间。电动窗帘又分电动对开帘及罗马帘等，操作方式有按键型及遥控型两种。

66

减肥不一定要去健身房，在家里也可以！

文——李宝怡　图片提供——大湖森林设计、匡泽设计、成大 TOUCH Center

解决方案 规划运动区・泡澡浴缸・体重计及镜子

在这个讲求“瘦即是美”的时代，似乎什么东西一跟减肥沾边，都会变成热卖商品。世界上有很多种减肥方法，但最重要的是自己有没有下定决心。遇到美食就放弃，运动更是三天打鱼，两天晒网。抱着这样的心态，就算有再好的设备或再棒的减肥妙招也是白费。

除了自我约束，环境也能对你的减肥事业有所帮助。轻食厨房是最完美的搭配；每天适度运动，可以在室内架设跑步机、健身车等设备，或是找个舒适的地方做瑜伽。

做完运动最好冲个澡，并对身体充分按摩，通过揉捏、拍打舒展肌肉，促进代谢。每天称体重，并要对着镜子说：“我要瘦！”但切记，减肥成功后，仍要持之以恒，千万不可大吃大喝地庆功，否则会庆功不成反破功！

方案 1 设置运动区

运动一定要持续，可以在家里的零星空间摆上一台健身器材，可以是客厅、卧室或书房。再高档一点，通过投影幕布与机器互动，可以边骑边看风景或电影，不会觉得无聊。或找一个空气新鲜的平台做瑜伽，也很不错。

方案 2 浴缸泡澡，提升体温有助减肥

中医认为体寒的人容易发胖，每天养成泡澡的习惯，20 分钟即可消耗热量 200 卡路里。泡澡时，由足踝往小腿及大腿方向按摩，可以为长期紧绷的腿部舒压，雕塑下半身完美曲线。

方案 3 体重计及镜子帮助强化“我要瘦下来”的决心

每天称重并做好记录才能管理好自己的体重变化。每天出门前最好也对镜子说：“我要瘦下来。”坚定自己的决心，达成减肥的目的。

Chapter 4

家人共处的烦恼

67

如何与家人共筑家的共识？

文————摩比、木子　图片提供————尤哒唯建筑师事务所、德力设计、馥阁设计

解决方案 旅行地图墙·爱的留言墙

家不该死气沉沉，而应该随着生命的成长而变化。如果家里有一处可以随四季更迭记录心情、记录故事的地方，会更容易凝聚每个人对家的浓郁情感。但这并非一朝一夕就可办到。

最佳时期就是共筑家的共识时，可以在家的某一处设计“爱的留言板”，每天记录对家人的关心或叮咛，或者设计一面照片墙，留下快乐的时光。设计师建议将照片墙设在玄关、家庭成员都会停留的客厅，或是餐厅与厨房二合一的空间，因为家是一个共同创造、分享生命况味的地方。而呈现的形式可以是常见的黑板、可以涂改的白板，或是具有磁力的布告栏、烤漆强化玻璃等，这些都是可以轻松获得的材料。当大人建立了这种以“家”为中心的思考逻辑，未来有小宝宝后，在耳濡目染的情况下，小朋友自然而然也会继续学习及传承下去。

如果之前没有达成这样的共识也没关系，从现在开始也不迟。与家人共同制定想要达成的小目标，如环岛、环游全世界等，然后在公共空间做相应设计，让每个人都看见。例如，对喜欢旅游的家庭来说，地图是最佳的沟通媒介，无论是使用烤漆玻璃配明信片，或是软木塞配图钉的方式，都能让家里每个人在经过时，看着照片回忆旅行当时的趣事、曾经享用过的美食，一幕幕画面更能拉近彼此的距离。

方案 1 以世界地图为主，贴满全家人的旅游回忆

为喜欢旅行的屋主所设计的世界地图客厅主墙，用烤漆玻璃制成，可供屋主全家人标记旅行过的地点，还能用可擦拭的白板笔直接做记录。

方案 2 在厨房及冰箱的动线上设置爱的留言墙

在冰箱一侧的墙面上用烤漆玻璃搭配铁片就成了“爱的留言墙”，让家里每个人每次经过都能看到来自其他人的关怀。玻璃材质易写易擦拭，也容易保养，小朋友也可以在上面涂涂写写。铁片背板也方便用磁铁吸附和收纳收据、纸条等，一物多用。

小贴士

磁性漆＋软木塞世界地图主墙，钉贴吸样样来

选用厚实的软木塞材质，通过激光切割并刻意燃烧地图边缘，制造出自然仿古的特殊质感。软木塞的好处是用图钉就能重复张贴家人旅行的照片，无须担心伤害墙面，使用非常方便。而且墙面内同时涂有磁性漆料，屋主也可以用磁铁贴上照片，用法十分多元。

68

家庭照
怎么摆放才好看？

文——摩比、李宝怡　图片提供——德力设计、杰玛设计、尤哒唯建筑师事务所

解决方案 家庭照片墙・客厅沙发背墙・结合橱柜设计

人是群居的情感动物，个体与家族间的联结除了基因，更多是对共同记忆的传承。传统的厅堂中，两侧都会置放祖先的照片，让后代子孙共同缅怀前人筚路蓝缕的开垦岁月，这已是生命信仰的一部分。

但在厅堂高挂黑白祖先照片或家族成员的遗照，其实会让居住者，特别是小孩子感到不舒服。更何况“逝者如斯，来者可待”，最重要的空间规划应以现在居住者的生活为主，因此不妨学习国外的处理方式，挑选已逝者的居家生活照片，与现在的家庭照片混杂在一起，制作成一面家庭照片墙，搭配灯光设计，不但具有纪念价值，更有视觉美化的效果。

呈现的方式有很多种，可以拣选尺寸不一的小画框，利用垂直水平的排列方式，用多张照片创造一幅大型壁画，仿佛每一位家族成员共同勾勒出专属于家族记忆的族谱一般。也可以将祖先照缩小拼贴在一起，变成长形小幅挂画或桌画。

为了不让照片墙的画面太呆板，也可以做局部装饰，丰富整体画面。又或者结合橱柜，以真假画框交错做成照片柜。还可以选择一面主题墙，选出主题色，然后用同色相框进行家族记忆影像创作。

方案1 家庭照片墙成为玄关一景

照片墙建议不要做太大，最好选择空间的某一端景，如客厅背墙、玄关或走道的端景墙、卧室走道端景或餐厅主墙等。相框选择中小型的，才不会感觉太过沉重。照片挂置的高度与视线平行为最佳。还可以在照片墙上做一些局部装饰，丰富整体画面。

小贴士　不用钉子，照片也能上墙

不想在墙上钉钉子，一般的粘贴式挂钩挂照片会有斜度，不好看。不如试试魔术黏土，用它来固定中小型画框的四角，就不怕掉下来了。

方案2 客厅沙发背墙用照片来装饰

在文化石的客厅背墙上，若能取局部做成照片墙，会更突显人文风格。取沙发背椅上方 12—23 厘米的高度为最佳。

方案3 橱柜设计结合相框

若是空间太小，可以利用复合式书柜或餐橱边柜，用画框与柜子展示开口的相互交错，在框体立面形成真真假假的有趣画面。

69

不想再为抢厕所而吵架？

文——摩比、李宝怡　图片提供——德力设计、杰玛设计、金时代卫浴

解决方案 双动线进出 · 洗手台外移 · 带洗手台的省水马桶

据日本杂志调查，家里厕所的数量是否足够，是家人是否幸福的构成要素之一。一般而言，两个人的家一个厕所就够了，但若超过三人，就必须配备两个以上的厕所，使用时才不会有冲突。

如果是在地狭人稠的大城市，硬要再挤出一个厕所并不简单，将洗手盆与马桶结合的复合式产品便应运而生，不但省去洗手台的空间，之前洗手的水还能当作冲马桶的水，相当环保。

一般马桶的尺寸长、宽、高分别为72厘米、45厘米、80厘米，排水管至墙面的距离要留30—40厘米（标准尺寸）。至于马桶两侧，从马桶排水的中心点计算，左右两侧应留38—45厘米，以方便拿取侧边的卫生纸，同时也利于清理。至于马桶前端至门，要留超过60厘米的距离，方便使用者回身及开门。

万一真的没办法，只有一个厕所，设计师建议最好将沐浴区、马桶如厕区及洗手台分割开来，在入口设置洗手台，然后做拉门进出左右两侧的洗澡区及马桶，使用上较为便利，至少不会发生一人洗澡全家内急的问题。万一受限于空间规划无法把三者都分开，那么尽量将洗手盆移至厕所外侧，让早上盥洗与如厕的家人可以分组进行。

另外，还可以规划从不同空间进入厕所的动线，通过卫浴把两个空间串联起来，方便共同使用。

卫浴双动线进出

用卫浴串联邻近的两个空间，如玄关与长辈的房间，方便年纪大的使用者一回来即可马上如厕，接着进入卧室更衣，不必经过客厅绕一大圈。双动线的设计还可以让老人家在厕所发生问题时，家人可从另一动线进入协助。另外，若规划让客人一起使用，最好两边都安装提示灯或系统，以免发生不必要的尴尬状况。同时，建议厕所的隔音要做好，以免干扰居住者的生活空间。

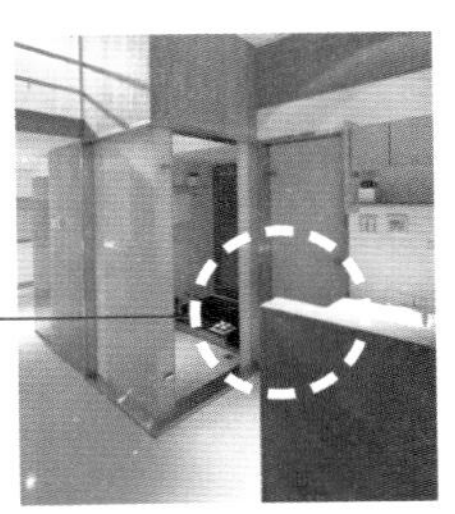

方案 2

洗手盆规划在卫浴外侧

其实在生活中，两个人同时急着上厕所的机会较少发生，大多是一个在洗脸刷牙、洗衣物时，另一个人突然想上厕所。因此不妨将洗手盆设置在外面，将不同功能的动线分开，减少抢厕所的情况发生。

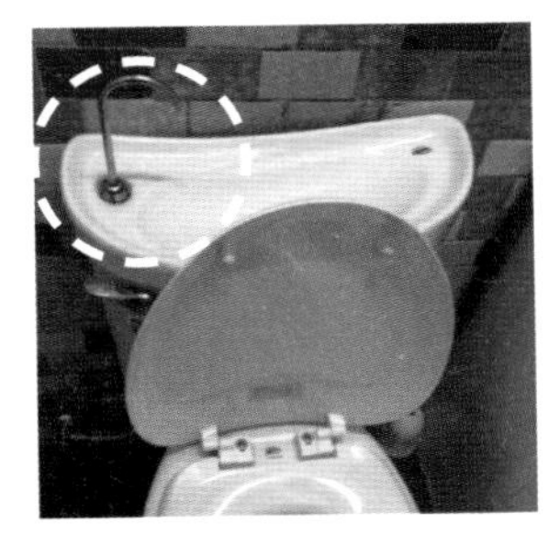

用带洗手盆的省水马桶

也就是将洗手盆与马桶后方的储水箱结合，当使用者在洗手时，用过的水可以当下次冲马桶的水，是节水环保的产品，而且占地面积也不大，大约 1.5 平方米。

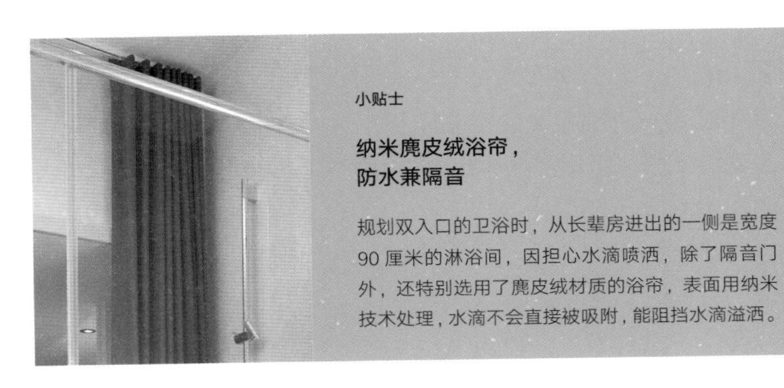

小贴士

纳米麂皮绒浴帘，防水兼隔音

规划双入口的卫浴时，从长辈房进出的一侧是宽度 90 厘米的淋浴间，因担心水滴喷洒，除了隔音门外，还特别选用了麂皮绒材质的浴帘，表面用纳米技术处理，水滴不会直接被吸附，能阻挡水滴溢洒。

70

让夫妻感情愈变愈好的空间设计

文————李宝怡　图片提供————尤哒唯建筑师事务所

解决方案 工作区＋家事区・中岛＋餐桌・架高和室・多元化照明

夫妻相处有很多细节需要注意，比如尊重彼此的个性，包容彼此的生活方式。除此之外，好的空间设计也能帮助减少夫妻间起口角的可能性。

以设计师的经验来说，就是在家里营造可以彼此平视沟通的空间。这个空间可以是家里的任何角落，需要参考男女主人之间的沟通习惯。举例来说，两个人有小酌或喝咖啡的习惯，设计重点就会集中在可以两人面对面讨论及沟通的餐桌及中岛，甚至吧台。

另外，让身体放松的空间也是最佳的夫妻沟通场地，例如架高30—35厘米的休憩坐卧平台或和室空间，无论是盘腿或把腿垂直放下都很舒适。拥有双人床的主卧空间则是夫妻沟通的最佳场地，“床头吵，床尾和”是有一定道理的，毕竟通过肢体的亲密接触，沟通更顺畅。

不过在规划夫妻沟通的空间时，有一点必须注意：无论选择哪一种沟通空间，灯光的搭配都很重要。照明设计得过高，照明范围虽广，但会令人无法放松心情。要营造舒适的沟通氛围，建议仍以低照明为主，例如餐桌桌面至吊灯距离以70厘米为佳。主卧、书房或和室，不要只设计单一光源，多元化的照明设计有助于营造舒适气氛，比如和室的台灯，主卧床头柜的壁灯等，都会让夫妻放下彼此的猜忌及心防，敞开心扉畅谈彼此的看法。

方案 1

工作区＋家事区，同一空间相互关心

对于常需要将工作带回来的伴侣，在餐厨空间里规划一个独立性较高，又可以与另一半互动的位置，让家事与公事在同一空间进行。即使不说话，也能有互相陪伴的感觉。

方案 2

中岛＋餐桌的开放式厨房，家事沟通一起来

结合餐桌及中岛设计的开放式厨房，可以让人边做家务，边做倾听者，必要时还可以用厨房的饮料或食物减缓不良气氛。

方案 3

架高和室木地板，身体放松沟通也轻松

有时，正襟危坐并非良好的沟通方式，不妨在家里营造一处可以随意坐卧的空间，像是架高 30 厘米的开放式和室空间。夫妻间在沟通聊天时更轻松，也更容易达成共识。

方案 4

多元化照明，凝聚与放松心情

灯光对居家情绪的影响也非常大，有凝聚感的照明可以增强夫妇的凝聚力，而多元的灯光照明可以转变家的表情，让生活不再一成不变。比如，试试用主卧床头灯取代主灯。

71

老天爷！
请赐给我一处可喘息的私密空间

文——魏宾千、李宝怡　图片提供——尤哒唯建筑师事务所、杰玛设计

解决方案 寻找情绪缓冲区，给自己一个独处空间

生活的压力无处不在，甚至在家也不能避免。尤其是和家人住在一起，相处过程中难免会遇到心情不好的时候，这时建议在家里找一个情绪缓冲区，让自己独处一下。先理清自己的情绪跟思绪，才不会随意把脾气发在家人身上。

若家里的空间足够，让男女主人各自拥有一个独立空间，是最好不过的空间规划。但天不从人愿，如何从几近饱和的空间里再找出两个互不打扰的区块，可就考验设计师及居住者的创意了。尤其是现代住宅多采用开放式的空间设计，根本无从躲藏，怎么帮自己找一处能窝着又不被发现或干扰的地方呢？

最简单的思考方式是从建筑类型着手。独立住宅可以在不同的楼层规划男女主人各自专属的书房或工作室。如果是单一平面楼层，事实上，在规划空间平面配置时，会很明显地依男女主人的使用特性，划分出各自专属的动线及空间，如男生书房、女生主卧等。另外，若家里三代同堂或有孩子，要找到心灵修复的空间更难，建议选择带泡澡设备的卫浴空间。

当然，在这个私密空间里也别忘了对自己好一点，泡个茶、咖啡，或点个精油，甚至玩个小游戏，半个小时后，绝对让你有如换了个人一般精神百倍！

方案2 女主人可善用厨房料理台及后阳台喘息

由于女主人在家的动线多集中在餐厅、厨房及后阳台、主卧、更衣室等，因此可以多利用这些空间的角落，为自己营造一个舒适的休息空间，如中岛料理台、L形橱柜转角平台等。

方案1 选择密闭空间为最佳

独处当然要不受打扰，主卧或可密闭的书房是不错的选择。以主卧来说，女主人选择更衣室，关起门就可以独处，男主人则可以选择架高窗台。

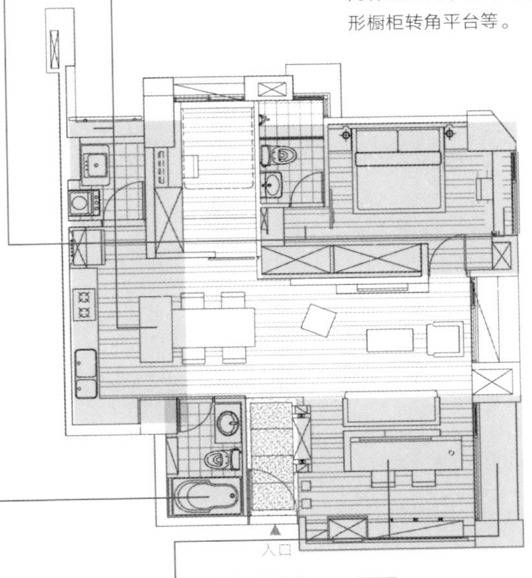

方案3 有泡澡设备的卫浴空间最好

万一家里人口众多，建议可以趁洗澡时间让自己好好喘息半个小时再出来。鉴于此，舒适的卫浴空间、澡盆等是必要的。

方案4 前阳台及书房适合男主人思考及发呆

密闭书房一般是男主人的地盘，若没有的话可以考虑前阳台。万一只能做开放式书房，建议书桌前最好有高约 20 厘米的隔屏，可以作为视觉上的阻隔。

小贴士

在角落设计发呆座椅解压

若真的找不出空间来，可以利用靠窗空间给自己营造一处专属的思考座位，像是架高平台加几个抱枕，或一张有靠背的舒适软椅，搭配间接光源，这里就是你的发呆亭。

72

怎么让老爸老妈住得愉快舒适？

文——摩比、李宝怡　图片提供——德力设计、大湖森林设计、宽 空间设计美学

解决方案 滑轨拉门・动线宽度・卫浴扶手・夜灯

这年头，三代同堂的家庭其实不算少。除了让自己住得舒适、小朋友住得快乐外，最重要的还有如何让长者也住得愉快又安心。要考虑的问题就更多了。比如老人家在家里行动方不方便，还有饮水、用餐、做家事及如厕、用药等顺不顺手等。

尤其是行动方面，有老人家的居住空间，建议最好用无接缝设计处理不同空间的区隔，多用推拉门与单开的折叠门，让老人家的出入不受门框所限，也方便未来必须依赖轮椅时，室内结构不用再做太大的变更。

通常，低障碍的空间设计，走道宽度应保留90—140厘米，如有高低差，坡度越缓越好。地板可选择硬度高的石英砖，有利于轮子移动，尽量不使用木地板，以免日久产生刮痕不美观。也可以选用超耐磨地板。

考虑到老人家半夜起来如厕的问题，若是空间足够，在长辈房里规划一间专属的卫浴是必要的。而且站在安全的角度上，在浴缸及马桶附近设置扶手、整个房间及浴室设置取暖设备、在下床至卫浴的动线上规划夜灯、房间内要有饮水设置等都要考虑到。

方案 1

推拉门、单开折叠门

推拉门或折叠门不受门框限制，且施力简单，适合老人家使用。

方案 2

动线宽度 90—140 厘米

要考虑老人家未来可能依靠轮椅行动的问题，动线宽度最好介于 90—140 厘米，便于进出。地板最好用石英砖或超耐磨地板。

卫浴要设计扶手

长辈房里规划一间专属的卫浴是必要的。而且站在安全的角度上，建议在浴缸及马桶附近设置扶手。卫浴还建议安装暖风机或地暖设备，为老人家保暖的同时，随时保持浴室干燥及通风。

明亮通风的长辈房

因身体机能老化，老人家很容易有悲观的想法，若房间又密闭不通风，容易产生很多不舒服的气味，身体和心理会更不健康。因此，长辈房最好明亮且通风，让老人家每天迎着阳光起床运动。心情开朗，身体也会健康。

安全的夜灯设计

为安全起见，在床至卫浴之间最好有感应式夜灯，或是在出入口低矮处设置夜灯，以免老人家因视线不明而产生撞跌的情况。

73

真的有
让婆媳和谐相处的设计？

文———李佳芳　图片提供———匡泽设计、六相设计

解决方案 双家庭双动线・内外厨房・大中岛

两代或三代同堂家庭的最大困扰，就是如何在年轻人与长辈差异化的生活习惯之间（尤其是婆媳之间）取得平衡。正所谓“一山不容二虎”，一个厨房里也容不下两个女人。尤其两代之间的烹饪习惯和口味都不同，厨房的设计若不经过仔细推敲，很可能就会成为引发婆媳摩擦的战场。

传统上，即使媳妇入门，婆婆通常还是家中的女主人，免不了扮演生活指导者的角色。若是两代同住一户，可以采取房间在两侧、公共区域在中央的配置法，让两个家庭之间保持适当距离，避免互相打扰，也能保有隐私。由于厨房为共享空间，此配置法通常会将厨房放在靠近主要用户（也就是婆婆）的位置。

如果两代有经常同时下厨的需求，就必须给厨房较大空间，不妨尝试内外厨房的设计。内厨房通常是给婆婆用的热炒区，做轻食料理的外厨房则交给媳妇管理。掌管炉火的一方可以专心工作，另一人则可以从旁协助备料工作。若要内外厨房互动性更强，可以再加设自动开关的电动玻璃门。

如果是独栋住宅，建议长辈居住的楼层可另外加设第二套厨具，方便泡茶或简单料理，减少移动距离，使用上较方便。而抚养小孩的第二代家庭因为孩子需要活动空间，则可设计较大的餐厨空间，但要注意，尽量不要将小孩的活动空间设计在长辈房的隔壁或上方，会影响老人家休息。

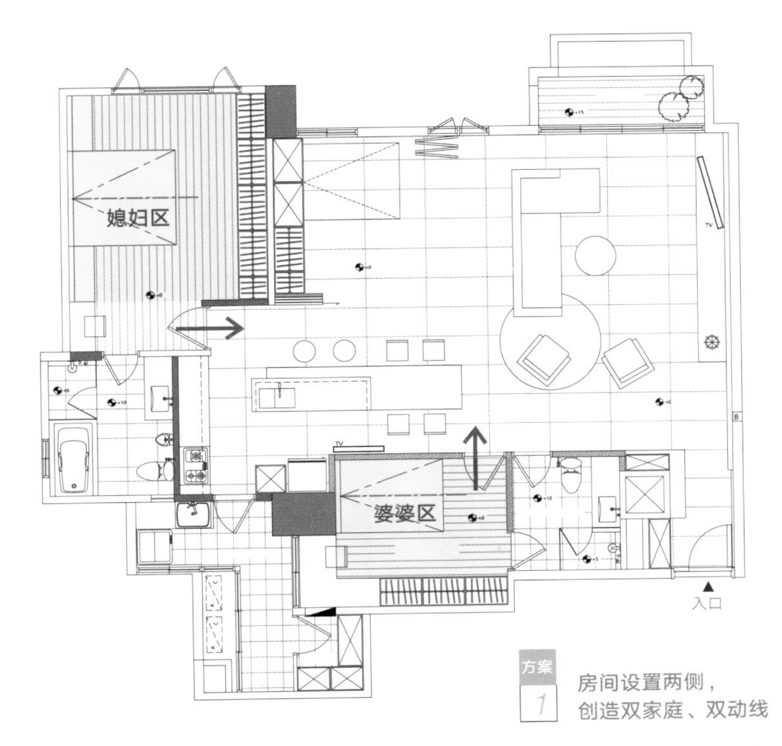

方案 1 房间设置两侧，创造双家庭、双动线

若两代同住一层，可以采取房间在两侧、公共区域在中央的配置法，让两个家庭之间保持适当距离，避免互相打扰，也能保有隐私。

方案 2 内外厨房设计，大火轻食各有天下

内外厨房都配备了煮食与清洗区，不同的是，内厨房通常是给婆婆用的热炒区，外厨房则结合电器柜，为喜欢西式料理的媳妇设计，通常会设置蔬果洗涤槽、电磁炉、烤箱、微波炉等。内外厨房的区分既避免了互相打扰，又能在功能上互补。

方案 3 用中岛增加料理台面

如果是两代同堂或三代同堂，不妨扩大厨房的面积，在厨房设计中岛，为婆婆与媳妇预留缓冲的空间，大大减少争执的产生。

74

家里多了一个小捣蛋，三人世界怎么睡？

文——李宝怡、摩比　图片提供——大湖森林设计、德力设计

解决方案 预留空间・低矮卧铺・ 2+1 床

家有新生儿，一般父母都不放心让孩子一个人睡在单独空间里，怕孩子哭时不容易照顾到。同时在婴儿期，常常要半夜起来喂奶、换尿布，如果不在一个房间也很不方便。

因此，虽然已经规划了儿童房，大部分妈妈仍会把孩子抱回自己的房间照料。但是，三个人，怎么睡？建议在设计主卧时，预留婴儿床的空间，以300厘米宽的主卧来说，大床占200厘米，其余的是过道或衣柜的空间。婴儿床的位置若设置在大床旁边，由于同一区域会有床头柜、梳妆台、凳等，为了通道行走和开门、开抽屉的便利，需要80厘米的空间。因此，婴儿床以120—140厘米长，60—66厘米宽为最佳，若超过，将占用过道或其他家具的空间，阻碍正常活动。

除此之外，不妨将主卧床铺设计成低矮的卧铺，平时放上双人床垫便是两人世界，万一有小宝宝来临，只要将床垫向旁边一移，再加个单人床垫或婴儿床垫，就可以共享三人世界了。

主卧预留婴儿床空间

婴儿床大多有现成的款式，但在尺寸与使用的便利性上仍得注意，一般来说，护栏不宜高过 35 厘米，婴儿床不宜低于 50 厘米，否则不只哄抱孩子不方便，也常会因为过度弯腰造成身体不适。此外，婴儿床需要在卧室、客厅、餐厅之间灵活移动，要注意床体宽度超过 75 厘米就不能进出房门。由于标准门宽是 80 厘米，门厚度 4 厘米左右，考虑加工误差和必要的空隙，75 厘米是宽度的上限。

低矮卧铺，安全加分弹性大

若习惯和孩子一起睡，建议将主卧的床设计成低矮的卧铺式，宽度最起码也要有 220 厘米，以便容纳一个双人床垫及一个单人床垫。同时建议床架高度不要超过 15 厘米，方便宝宝爬上爬下，不易跌下床。底部可做内凹槽加装灯光照明，活动时不易磕碰，也可放置室内拖鞋。

小贴士

欧美婴儿床可使用至 6 岁

国内生产的婴儿床大部分长约 120 厘米，可用到 3 岁左右；欧美的婴儿床尺寸一般长约 140 厘米，宽约 78 厘米，可用到 6 岁左右，使用的时间更长。

2+1 床，三口之家相互关照

对于不打算规划成卧铺的宽敞主卧，可在原来的双人床之外加购一张单人床，无论是父母哪一方和孩子共眠，另一方都可以随时起身协助照料孩子。

75

孩子会长大，
怎么选购床跟桌椅，延长使用期？

文——木子　图片提供——馥阁设计、小玩童 FLEXA、Artso 亚梭家私国际有限公司

解决方案 架高地板床・预备桌柜・成长型家具

目前有不少以制造儿童家具为主的厂商，一张床有多种变化组合，可从儿童时期使用到成年。当孩子在学龄前阶段时，喜欢游戏玩乐，床组可以增加滑梯、活动罩、直立式楼梯等配件。进入学龄阶段后，床可以架高，床下摆放书桌、收纳柜，兼具书房的功能。

假如房子空间不够，家中却有两个孩子，儿童房可以选择L形组合式上下床。年幼时孩子们可相互陪伴，未来换更大的房间后也能拆开继续使用，省下更换床架的费用。另外，儿童成长型桌椅也是一个不错的选择，能随着身高调整舒适的桌面、椅子高度，桌板还有倾斜角度的设计，不必担心要频繁更换书桌椅。若是5岁以下的孩子，桌椅最好以儿童版的小巧尺寸为佳，颜色以鲜艳色彩为主，方能激发孩子视觉的敏锐度。

若不想搭配一般床架家具，可采用架高地板搭配床垫的设计，就没有需要更换床架的状况发生了。在孩子尚未加入时，也能暂时充当客人留宿用客房，日后再转换回儿童房使用。要注意的是，为孩子选购的儿童家具，考虑实用性与使用时间的问题，建议避开造型过于卡通化的产品，材质上应以实木为主，更坚固耐用。同时注意甲醛，避免使用有毒漆料的产品。

方案1 架高木地板放床垫，可视孩子身高换垫

儿童房采用架高地板搭配床垫的方式，未来就没有更换床架的需求，想睡得更舒服，只要更换床垫即可。架高部分亦可增加收纳功能。

方案2 预备书桌、衣柜，仅调整床架长度

即使还没有孩子，在装修时也建议先将书桌、衣柜等功能性家具预先规划好。还要为床架预留超过 200 厘米长的空间，方便未来只需要更换床架尺寸就可以将儿童房变为青少年房或成人卧室。

方案3 选择可以升降的桌椅家具

选择可升降学习桌，能从幼儿园用到小学高年级。桌面可调整倾斜角度，环保桌板具有防撞、防夹设计。包覆式调整型脚垫，轻松微调桌高与地面贴平。搭配可调整椅背、椅座高度、坐垫前后的学习椅，提供连续且舒适的背部支撑。

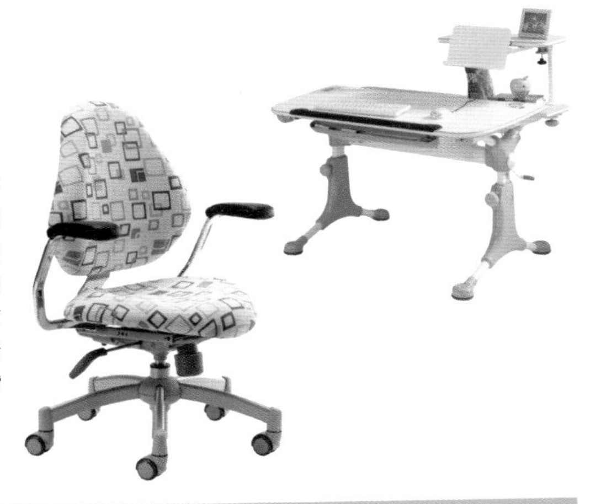

小贴士

善用结合书桌的上下床铺设计

当小孩长成青少年，需要独立的空间，也需要花更多时间在学习上时，架高的床下可摆放书桌，也可规划衣柜、沙发椅节省空间，甚至可另外再加一张床。

76

我想边做事
边照顾孩子

文——木子　图片提供——馥阁设计、将作设计、思为设计、幸福生活研究院

解决方案 开放式厨房・折叠门・书房外移

传统住宅大多是一个个封闭独立的空间，孩子回家后直接走进房间，妈妈正在厨房里忙着，无暇顾及孩子的状态，爸爸则坐在客厅看电视。每个人各据一角，毫无互动、交流的机会。

想解决这样的问题其实很简单，关键是格局动线的规划，并尽可能采用开放式设计。特别是过去隐藏在屋子角落的厨房，建议挪出与客厅、餐厅、书房整合，可设置面向厅区的中岛、双边型料理台，让妈妈做饭的时候也能随时和客厅、书房等空间里的家人互动。

另外一种在老公寓里很常见的长形格局，也很容易造成家人的疏离，可将提供主要采光的前半段用拉门或折叠门隔开，用作儿童房、书房，中段空间为开放公共厅区。平常门打开呈一字形的连贯动线、视野，大人很轻松就能看见孩子的一举一动。

至于高层电梯房普遍以一条长廊划分卧室的格局，使家人之间缺乏交流，走道又无实质性的用途，有时反而显得阴暗。不如取消长走道，以客厅为中心创造出环绕式或放射状的生活动线，周遭可以依序安排餐厅、厨房、多功能活动室，孩子练舞、看书就在一旁，屋子的采光通风也随之获得改善。

双层住宅则着重上、下楼层的穿透视线交流，楼梯最好安排在餐厨、客厅可见的位置，妈妈即便做饭也能和回到家的孩子、另一半打招呼，互相观察。此外，独栋住宅最怕各个楼层如同独立的个体，可以设置贯穿全栋的天井，两侧皆为大面玻璃隔间，每个楼层都能互相沟通、互动，拉近彼此的距离。

开放式厨房，随时照顾孩子

瓦解原本封闭的厨房，变成由两个一字形料理台组成的开放式厨房。其中，会花费较长时间的切洗用台面和水槽面对客餐厅与书房、阳台，妈妈做菜的同时也能随时留意孩子的状态。一般中岛配置的水槽长度在 45 厘米左右，如果厨房使用比较频繁，建议搭配长度 70—80 厘米的水槽，清洗食材更方便。甚至如果厨房一旁就是儿童房，隔间不妨局部搭配玻璃材质，就算孩子在房内休息，大人只要探个头、转个身，就能掌握孩子的动静。

小贴士

双层住宅，Y 字形楼梯搭起沟通桥梁

上图中，Y 字形楼梯的中心就是儿童游戏区，身为 SOHO 族的男屋主的工作室就在一旁，能就近照料在游戏区或楼下玩耍的孩子，而在厨房做菜的妈妈只要一抬头就能和二楼的孩子对话。

开放弹性空间，减少隔间墙阻碍

在长形的老公寓里，减少隔间的划分，开放弹性折叠门，让家人能看见彼此。折叠门的设计能保证孩子到学龄阶段时享有适当的隐私。此外，将事务阳台挪移至客厅后方，妈妈洗、晾衣服时，回头就是客厅、餐厅和书房，和家人间的互动不会被切断。

方案 3 以大餐桌及书房为动线中心

把书房规划在厅区，客厅的电视矮墙成为划分区域的隔墙，另一侧作为书桌使用。双动线的走道结合墙面，成为随处阅读的角落。大餐桌是孩子的另一个"游乐场"，妈妈可随时和孩子对话。

77

如何让家里变得更好玩儿？

文——木子　图片提供——馥阁设计、将作设计、邑舍设计、德力设计

解决方案 荡秋千・环绕动线・上下铺设计

对于有孩子的家庭来说，住宅设计不单单要符合大人的生活方式，也越来越重视孩子在家的玩乐需求。游戏也不是简单地跟玩玩具画上等号，空间本身若能充满变化的趣味，孩子也能感受到居住的幸福。

举例来说，360度的环绕式生活动线就像是缩小版的操场，能让孩子玩最爱的奔跑游戏，爸妈还能一起玩捉迷藏，有了充分伸展肢体的机会，孩子的身体更好。但可别以为让家里变得更好玩儿，只能在面积大的住宅里才能实现，普通住宅里的长阳台就是一个很好发挥的地方，只要阳台的宽度达到120厘米以上，铺上舒适的南方松木地板，利用原有的建筑结构挂上现成秋千架，再摆上画架、盆栽点缀，阳台就成了最方便的室内乐园。

在原有格局不变动的情况下，也有几个能适当为孩子创造活动区的方式。例如弹性运用客房空间，变成舞蹈区，巧思在于门的设计。一扇扇可以360度旋转的门一面是镜子，一面是白膜玻璃，柜子的把手则变成热身拉筋的辅助工具，满足孩子跳舞的爱好。

如果孩子刚进小学或者还是学龄前儿童，儿童房建议尽量减少硬件规划，选一张结合滑梯游戏的上下铺床架。如果是挑高空间，更要善加利用高度优势，上层阁楼单纯作为睡眠区域，下层释放出更宽敞的活动空间。

方案 1 荡秋千，让家变身游乐园

把阳台内缩扩大，挂上木秋千，放上画架，就是孩子涂鸦玩乐的最佳角落，也兼具玄关的功能。若家里没有阳台，也可以在开放厅区的过道上运用天花板既有的深度，规划出可升降隐藏的秋千，平日不用时能完全收进天花板内。但切记，悬挂秋千的结构性、稳固性都必须特别注意，同时必须考虑秋千摆动的周边区域也要净空。

方案 2 回字形动线 让孩子跑跑跳跳

房间门换成拉门，再另辟第二条走道，塑造出可奔跑的回字形动线，孩子们可以玩喜欢的捉迷藏啦！不过，走道宽度最好在 100 厘米以上，以免撞伤。走道转角采用圆弧形收边，提高孩子奔跑玩乐的舒适性，也更加安全。

方案 3 床铺在上，游戏区在下

利用空间的挑高条件，儿童房设计成双层结构或选用双层床，将上层作为床铺休息区，下层的宽敞空间就是孩子最爱的舞蹈区，随时都能跳舞、伸展肢体。

小贴士 层高超过 3 米，可装挑高滑梯及篮球架

超过 3 米的挑高楼层可以将两间房合并，就能放得下篮球架或带滑梯的床架，孩子甚至还可以在房间内骑三轮车，墙面可用皮革墙饰，即便碰撞也无须担心。

78

小朋友爱在墙上画画，怎么办？

文——木子　图片提供——馥阁设计、思为设计、大湖森林设计、台亨贸易

解决方案 铁板 + 黑板漆 · 黑板漆 + 磁性漆 · 玻璃拉门 · 白板漆

大多数孩子都喜欢画画，而且比起画在纸上，他们更喜欢在墙壁上涂鸦。若怕小朋友乱画在白墙上不易清洗，最便宜的方法就是选用可用湿抹布擦干净的抗污水性漆。另外，也可以选择可食性蜂蜜蜡笔给小朋友使用，不但安全，清洁也容易。不过，这种方法用久了或次数太多，仍会留下痕迹，因此每隔一两年仍需要重新刷漆。

目前最流行的方法，就是选择家人们活动频率最高的公共厅区或儿童房的一面墙，以磁性漆打底，再上黑板漆，让孩子们可以任意发挥、涂鸦，也兼具亲子沟通、教学的功能。这种沟通墙面的材质在选择时要考虑是否方便移动和保养，磁性漆的好处是完全不会造成油漆颜色的变质，更好整理，而且磁性漆涂得愈厚，磁性愈强。

另一种做法是用来区隔公共空间的拉门，选用铁板材质，再刷两三道黑板漆。这样的拉门既是隔间，也有吸铁墙、画画的功能。

除此之外，书房或儿童房若用折叠门，可以采用烤漆玻璃的材质，也能达到涂鸦、留言的功能，满足学龄前孩子爱画画的需求。烤漆玻璃门也有足够的隐私性和引光效用。

方案 1

铁板＋黑板漆，不易卡粉笔灰

若是预算足够，最好直接在铁板上刷黑板漆，可省去磁性漆及补土的工费及材料费。另外，黑板漆最好是喷上去的，不易卡粉笔灰，使用寿命也比较久。

磁性漆＋黑板漆，吸附磁铁还能涂鸦

谁说黑板漆一定是黑色或绿色的，还有灰色、粉红色等多种颜色可供选择，适用于大部分墙面和木材表面。但如果是木墙面，最好先补土，再上三层磁性漆，等干后再上黑板漆，其磁性及黑板的平整度会比较好。

烤漆玻璃做折叠隔间门，画画兼留言

也可以选用烤漆玻璃材质的门作为弹性空间的隔门，如可开放使用的书房、儿童房的折叠门，既可以画画又能当作留言板。

小贴士

白板漆便宜又好用

施工也简单，仅用平滑的高密度泡棉滚筒施作即可，漆完后干燥养护七天以上，就可以用白板笔在表面画写了，用板擦或无绒的干布即可擦拭干净。

79

怎样让孩子主动收拾房间？

文——木子、摩比　图片提供——馥阁设计、幸福生活研究院、直方设计、德力设计

解决方案 矮柜设计 · 游戏式收纳 · 秘密基地

大人希望孩子的房间能保持整洁，但孩子自己往往不主动。想要孩子养成收纳的好习惯，首先要为他们创造能独立完成收纳的环境。

第一个重点是要从孩子的年龄与身高出发，选用趣味性与便利性兼备的家具。太高的收纳柜孩子很难够到，容易在使用中遇到挫折，降低使用意愿。另一种方式就是让收纳空间本身变成游乐场，让孩子在不知不觉中完成整理。

小朋友的衣柜能交给他们自己整理吗？当然可以，学龄前的孩子大部分都能学会使用衣架，但还不会叠衣服，因此儿童房的衣柜最好有能做阶段性调整的设计。根据孩子的身高，预留下层空间安排吊杆，甚至可教导简单的色彩分类概念，上层暂时作为大人收纳棉被、枕头的地方。待孩子逐渐长大，通过吊杆、层架的重新组合，就能让孩子循序渐进地学会衣物收纳。

提供大小适中的收纳箱来收纳不同物品也很重要。切记分类的项目不宜过多、过于复杂，可简单以积木、玩具车等孩子常有的玩具类型来分类，让每一种玩具都有自己的家，慢慢地，孩子就会主动在游戏结束后将不同玩具送回各自的位置。

儿童房内的色彩、氛围营造同样也隐藏着孩子对自我空间的归属感。在儿童房的一个角落适当给予“秘密基地”的设定，符合高度的书柜、好开启的抽屉，甚至是能摆放孩子心爱物品的简易平台设计，配上一盏可爱的灯，良好的环境自然会让孩子变得主动起来。

方案 1 矮柜 方便小朋友收纳

儿童房采用定制家具，矮柜让孩子能轻松地收拾，而且最好采取开放式设计，孩子才能轻松将书本等放进柜子。至于适合孩子使用的柜子高度，可控制在32—38 厘米。五金把手的使用越少越好。抽屉的高度也可以尽量降低，如果担心孩子夹到手，开架式带滚轮的抽屉最适合，最底部的抽屉甚至可以拉出来推着走，成了最实用的玩具箱。

方案 2 把收纳变好玩

虽然好用的收纳柜是必要的，但如何将收纳变好玩，进而成为一种习惯也很重要。比如将收拾玩具设计成一种游戏或竞赛；给收纳柜上色，然后要小朋友依玩具颜色限时收纳；或是让孩子自己决定收纳盒的颜色及里面要放置什么样的物品……在游戏中完成整理的动作，对孩子而言会更加有趣。

方案 3 善用畸零角落，变身秘密基地

任何一个孩子都抵挡不了在空间里有个专属“秘密基地”的设定，将空间里难以利用的畸零角落变为孩子的游戏区或秘密基地。可坐卧的矮柜既是收纳空间，也是孩子们的“专属座位”。当孩子对空间有认同感，自然会主动收拾整齐。此外，安全问题亦不可忽视，诸如在门窗上安装儿童安全锁等都是儿童房的基本配备。

小贴士

客厅也预留收纳空间给孩子

孩子的游戏空间不只在房间里，客厅也需要预留收纳孩子玩具的空间，上图中矮柜和大茶几的桌面可打开，玩具、童书，随时想玩想收，都很方便。

80

如何让孩子爱上读书？

文——木子　图片提供——馥阁设计、将作设计、邑舍设计

解决方案 餐厅结合书房・阅读廊道・书房就是图书馆

想要让孩子爱上阅读，先从改变家中氛围开始。

例如，可以将孩子的阅读区和大人的书房整合在一起，共用一张大书桌，这样，孩子写作业、看书时，父母可以主动参与。也可以将一整间房或房间里的一个小角落打造为全家人共享的图书馆，替孩子安排专属椅子、座位，和方便自由拿取书的书柜，更能提高他们自主阅读的热情。如果希望孩子拥有安静的学习氛围，建议规划一个独立的隔间，或是将阅读区设计为半开放，如此一来，孩子学习时也能感受到家人的陪伴。书房的墙面建议局部运用白膜玻璃或是软木塞材质，变成父母和孩子之间互动学习、留言、涂鸦的地方。

对于更重视教育的父母，不妨舍弃电视墙，用满满的书墙和阅读平台取代，大人专用的书房也可以向厅区开放，工作、上网之余还能随时和孩子保持互动。

另一种做法是，让家里每个角落都成为能随时坐下来阅读的地方。书柜自客厅、走道一路延伸至儿童房、主卧室，将阅读融入生活，孩子们自然而然会爱上读书。此外，楼梯间也是很好发挥的地方，孩子可随性坐在台阶上看看书。

其次，若受限空间大小无法规划书房，可以选择一张大尺寸餐桌，餐厅和客厅连接的主墙规划大面积的开放书柜，孩子放学后直接待在餐桌边写功课，比起回家后坐在专门的书桌前读书，效果可能更好哟！

方案 1

餐厅结合书房，营造全家共读空间

不想再多浪费一个空间规划书房，也可以将餐厅与书房结合，配上宽大的桌面和开放式书墙，父母就能和孩子一起阅读了。

方案 2

阅读廊道，随取随读培养兴趣

图中的长廊其实是贯穿全家的动线，也是贯穿儿童房和主卧室的阅读廊道，倚窗面都是书柜，随手取阅的生活方式培养孩子主动学习的兴趣。

小贴士

用书墙取代电视墙

父母最担心的就是孩子沉溺于电视，那么不如直接舍弃电视吧！用大面书墙取代电视墙，书墙前方的座位也是根据孩子的身高量身打造的，让孩子更轻松、更主动地阅读。

方案 3

书房就是图书馆

若有多余空间，可将一间房规划为图书馆，铺着舒服地毯的架高区域供孩子阅读、游戏使用，搭配稍矮一点的书柜。妈妈在角落单椅的位置，爸爸就坐在吧台使用笔记本电脑。每个人都有自己的角落，进而围聚出亲密的阅读氛围。

81

让孩子主动坐上餐桌，规规矩矩吃饭

文——李宝怡　图片提供——宽 空间设计美学、尤哒唯建筑师事务所

解决方案 长板凳・下坐式和室桌・降低餐桌椅高度

通常1—4岁的孩子最喜欢跑来跑去，叫他们上桌吃饭简直比跟老板谈加薪、向客户追款一样困难。即便买了很贵的儿童高脚椅，他们就是不肯乖乖爬上来吃饭。

教育专家表示，要想孩子老老实实地吃饭，首先要调整好自己的心态，别期待孩子会像大人一样坐得好好的，从头吃到尾，也别因为失望而打骂他们，否则容易导致反效果。另外，不让孩子餐前吃零食、用餐环境附近不要放玩具、严格控制好开饭时间、吃饭时不要开电视机，以及吃饭时坐在固定的位子，让他清楚知道吃饭时要坐在餐椅上，不能随易走动等原则，父母都要坚持。而且，这个年龄段的孩子喜欢观察和学习大人的行为，因此大人最好也坐下来，以同一个高度陪他一起吃饭，而非另外准备儿童桌椅，反而容易让孩子产生排斥感。

除此之外，不少设计师认为，可以通过环境的营造，让孩子自己乖乖上桌吃饭。目前市面上的餐桌椅都是站在大人的角度来设计的，从餐椅到餐桌，对学龄前孩子而言都太高，可以试着将餐桌椅高度降低约10厘米，方便孩子自己爬上爬下，拉近餐桌椅与孩子之间的距离，加强孩子对餐厅的亲切感，甚至可以凝聚孩子对家的快乐印象。

用设计有趣的餐椅也是不错的选择，像是结合架高平台的和室餐桌椅及宽面长板凳，完全符合孩子的心性，他们也容易坐得住。

方案 1

长板凳餐椅，爬上爬下有乐趣

没人规定餐桌一定要配相同的餐椅，对空间而言也会过于呆板，图中选用了面宽 40—45 厘米的长板凳，不但满足孩子爬上爬下的乐趣及安全性，又可以让他自由选择坐在哪里吃饭。

方案 2

能往下坐的和室餐桌，增添吃饭亲和力

将餐厅设计成和室，把木地板架高 40—45 厘米，中间架设约 70 厘米高的和室餐桌，并下挖可以放脚的地方（深 66—67 厘米），对孩子而言，往下坐总比往上坐有趣多了。

方案 3

降低餐桌椅的高度，方便孩子上桌吃饭

将餐桌椅高度调低约 10 厘米，让孩子有足够的能力自己爬上餐桌。跟大家一起吃饭的乐趣是用钱也买不到的。

82

孩子的手工作品和奖状如何保存及展示？

文——木子　图片提供——馥阁设计、幸福生活研究院

解决方案 展示平台・善用电视柜・玄关入口

早期的空间设计总是在家里塞满玻璃柜，各种物品统统放进去，没有任何分类与规划。孩子获得的奖状直接贴在墙上，或者堆在抽屉里，时间久了，这些荣誉也逐渐被遗忘。与其将这些东西藏在柜子、抽屉里，不妨设计一个开放性“展示舞台”，也就是所谓的“共鸣角落”。

比如孩子喜欢画画，就可以多设置活动吊轨，直接用孩子的画装饰布置空间。父母适时对孩子表达肯定：“做得真好。”“画得很有意思。”对孩子的成长会有非常大的影响。

如果希望奖状与空间风格更协调，不想流于俗气，建议把奖状当作画来处理。挑选画框装饰一下，在家人经常走动的区域为孩子开辟一个墙面展示这些荣誉，孩子感受到父母的重视与肯定，想必也会主动设定下一个更好的目标。

针对立体作品，不妨打破落地柜与高墙的设计，创造多元的平台，以独特的柜、墙为背景，让孩子的作品与空间风格协调、充满趣味地结合在一起。

如果空间不甚宽敞，家里的角角落落其实可以充分利用起来，例如玄关入口的隔屏可结合玻璃和木两种材质，木材线条的分割形成立体作品的舞台。又好比电视主墙以木材线条勾勒，不同的高度分别用来展示奖杯、作品，在公共空间里更能产生共鸣，激发孩子对自我的肯定与进步能力。

方案 1

平台铺饰，陈列区无所不在

喜欢做手工的小女孩会有很多杂货或玩偶，因此，上图所示的空间里设置有多种展示平台，包括沙发背后的弧形墙，也是专为展示玩偶所设计。特别选用白水泥铺饰，自然质感与手工作品特性更吻合。另外，餐厅窗边一并规划了餐柜，柜体平台成为手工作品最直接的展示平台。阳台区域也全部刷白，贴上小尺寸马赛克瓷砖，更能呼应园艺和手作杂货、玩偶的特色。

方案 2

结合电视柜，创造作品展示区

在电视墙面设置不同高度的木制平台，最上端保留较高的空间，适合摆放奖杯、奖座类，中间、最底部平台则方便摆放和更换各式手工作品，如此一来，完全不用担心会占用其他空间。

方案 3

玄关入口，做出展示层架

希望拥有展示作品、奖状的区域，不见得会浪费空间，利用隔间也能创造出来。可在玄关入口与卫浴之间的小隔间里设置展示层架，刚好成为客厅的视觉焦点。

Chapter 5 满足个人爱好的烦恼

83

我心爱的自行车应该怎么放？

文———李宝怡、摩比　图片提供———养乐多木良、德力设计、尤哒唯建筑师事务所

解决方案 立杆架 · 三角车架 · 车用挂钩

现代人越来越注重生活品质，加上运动风日盛，自行车又重新成为人们的出行选择，但无论放在单元门口还是自行车停放区，都会令人提心吊胆。特别是有些自行车爱好者的坐骑，价格可不便宜。这时就要好好想想在家里如何收纳自行车的问题了。

其实市面上有各式各样的自行车架出售，如果家里只有一辆自行车，在出入方便的前阳台或是客厅走道上设置车架，便可解决自行车收纳的问题。

但如果家里有好几辆自行车，设计师提议有几种做法可以参考。若车体较小，如折叠车或小径车，可在玄关直接设置大型储物柜，将车直接停放入内，取用也最方便。但这种方法不适合长度超过150厘米的越野自行车或公路车。对于这些大一点的自行车来说，建议不妨将它们也视为空间装饰之一，展示出来，成为空间焦点或景观。放置的地点最好不要离门口太远，方便出入，也不要阻断生活动线，影响家人的活动。比如利用顶天立地的立杆架，在客厅不影响动线的地方悬挂脚踏车，通常一支立杆可以挂置两辆。设计师也建议天花板要做加强支撑处理，让自行车支架更稳固。又或者在客厅墙角安装特殊的车用挂钩挂置自行车。

方案 1

顶天立地立杆架，悬挂自行车

一般自行车的尺寸视车型、车架及轮子大小而定，但宽度多以把手为主，为 30—40 厘米，长 150—180 厘米，高度则为 80—95 厘米，因此在架设顶天立地车架时，墙面及空间的大小不能低于这组数值。支撑处的天花板最好做强化处理，会更稳固。

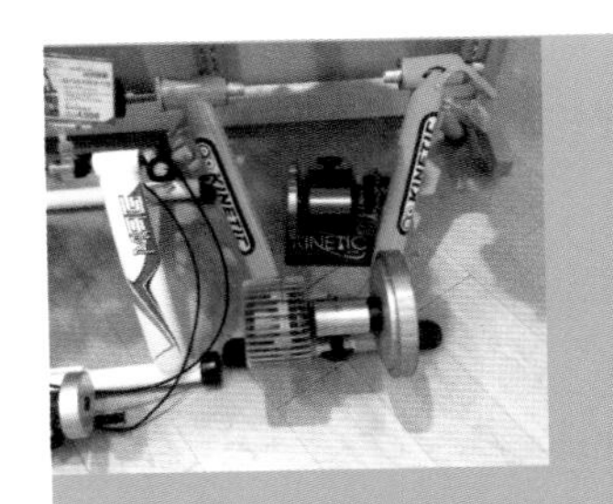

小贴士

自行车也可变身室内健身器材

通过自行车训练架就可以把自行车变成健身车。一共有两种：一种是能设定段数，同时能因自行车轮距大小不同而做调整的；一种无任何功能，适合只想把自行车架起来练习的人。

方案 2

活动式三脚车架，便宜又方便

其实最便宜的方式就是利用活动式三脚立体车架，可视空间需求调整，例如家里人口少的话，可放置在走道或是客厅的畸零空间，人多时可把车子移进卧室，调整弹性大。

方案 3

车用挂钩，立挂车体

若觉得横挂脚踏车太浪费空间，设计师建议可以用直立吊挂的方式，比较节省空间。可在公共区域的转缓空间安装特殊的车用挂钩，加上三脚立架，便可将自行车以直立的方式挂起来。

84

喜欢的画
要怎么挂才漂亮？

文——李宝怡　图片提供——养乐多木良、匡泽设计、杰玛设计

解决方案 美术馆式 · 单幅大画 · 无框双幅大画 · 齐头式 · 横 T 拼贴法

装修完成后，就轮到家具及一些家饰配件进驻了，它们会让家变得更温暖，更有风格。而画，就是其中之一。

通过墙上的画，我们可以展示自己的生活品位，突显家的风格。而画的内容五花八门，有的是艺术品，有的是自己的摄影作品，还有的是将和家人的亲密合照挂在墙上，展示对亲情的重视。

一般的画框，只要其中一边的长度超过90厘米，都算是超大幅画，长度在50—76厘米则为大幅画，而长度在30—40厘米则为中幅画，长度25厘米以下的则为小幅画。

不同大小及重量的画对应的挂画方式也有很多种，常见的有用隐藏轨道的吊轨式、用魔术黏土的壁贴式、用挂钩的悬挂式。其中吊轨式适合有一定重量的大幅画，壁贴式及悬挂式则适合中小幅画。

吊轨式的挂画方式必须在天花板内预留轨道，因此必须在装修前便与设计师谈好，以免后续追加，容易破坏墙面整体感。

至于挂画的方式，一般需要掌握几个原则：若想保证最佳视觉效果，画的中心位置与视线平行最好，像现代博物馆的挂画方式，就是让每幅画的中心点维持在离地147—150厘米的高度。但若挂画的地方主要是坐着欣赏，那么最好距离家具25—30厘米，平视的视觉角度最佳。若是中小幅画，不一定要十分规律地粘贴或壁挂，可以水平或垂直拼贴组合，让墙面充满活泼的趣味感。

无家具，美术馆式挂画展示

美术馆的挂画方式大约有两种：一种是让画的下端与腰部（大概 100 厘米的高度）对齐；另一种是将每幅画的中心点维持在离地 147—150 厘米的高度，以方便平视。画与画之间的间距可以留一个手掌宽，或是两小步宽。因美术馆的画都较大，所以多以吊轨式为主。

有家具，单幅大画框的展示法

上图是书房走道的端景，因此以站立的平视角度，在端景处设置一幅大型摄影作品，挂在复刻版的沙发正上方吸引目光。

无框双幅大画框展示法

无框画的内容通常会有关联性，因此画与画之间的距离一般比较近，远看就像一幅画。下图采用吊轨式，画在沙发靠背上约 25 厘米处，在视觉上让画与家具成为一体。

小贴士 各种挂画方式

①大画框吊轨式挂法

⊙单幅吊轨式

⊙三幅对称吊轨式

沙发不靠墙

⊙双幅对称夹物悬挂式

沙发靠墙

②中小型画框，拼贴式挂法

⊙四幅十字对称法

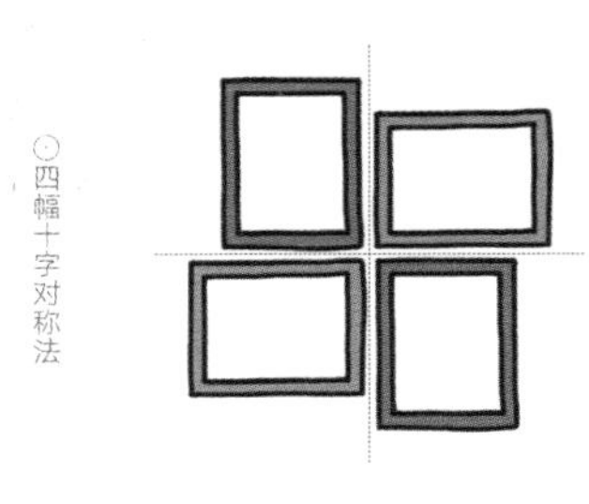

⊙四幅壁贴对称法

⊙四幅阶梯式壁贴法

⊙多幅横T拼贴壁挂法

⊙多幅中心对称放射拼贴法

大小画框
齐头式挂画法

如上图所示，当大小画框同时出现在家里时，可以先确定大画框的位置，再用小画框搭配。用魔术黏土将大小画框齐头拼贴，让沙发背墙呈现活泼的视觉效果。

中小画框
横 T 字拼贴挂画法

想要挂得好看，必须遵循水平及垂直的原则，像上图及下图中的横 T 字拼贴方式，让墙面视觉效果有向上延伸感。

85

我有好多公仔模型及马克杯，要怎么处理？

文——魏宾千、摩比　图片提供——尤哒唯建筑师事务所、德力设计、杰玛设计、大湖森林设计

解决方案 隔屏展示柜・外墙展示柜・书报柜・层板・模型柜

旅途中带回来的纪念品，每一件都藏着一段美好的回忆，无论是马克杯、公仔原版模型，还是绝版的骨瓷娃娃，都值得好好珍藏。问题是，怎么藏？仔细包装封存，再拿出来把玩回味？到时可能已事隔多年，甚至连摆放的位置都经不起岁月的考验，不小心忘记了。

其实，最好的收藏方式就是给收藏品一个专属的展示舞台，用它们来装饰家，为空间讲故事。家里的展示设计不要用大卖场思维，太具强迫性，会让人感到不舒服，应该以展示屋主的个人特质为前提。设计前，必须确认屋主的藏品尺寸以及特性，考虑辅助照明该用哪一种，以达到画龙点睛的效果。

设计的手法有开放式层板和展示柜。如果选择开放式层板，长度及高度超过50厘米的大型模型建议单独陈列，摆放中小型模型的层板则建议深度不要超过25厘米，方便清理。

如果选择展示柜，需要考虑柜子的款式和摆放位置。建议将展示柜规划在动线上，让柜子成为风景，架构出墙面的主题。开放的展示柜应该跟储物柜整合，挑选重点展示，不一定非要将所有的藏品全数展示，如此反而容易失去焦点。此外，展示柜也可附加其他功能，诸如隔屏、推拉门、双面柜等，看起来更精巧。

方案 1 马克杯展示柜兼隔屏，好用又好看

展示柜不一定要靠墙摆，变成墙的依附品。柜子，也可以是一道隔间。因为是用来摆放马克杯，不需要太深的柜体，15—20 厘米便足够，因此将其化为隔屏来区隔玄关与餐厅，同时避免客厅和餐厅毫无防备地暴露在刚进门的人眼前。柜子侧边以石材铺砌，上方辅以聚焦投射灯。

方案 2 外墙玻璃展示柜，360 度观赏藏品

在进出频繁的动线上规划一个全透明的玻璃展示柜，不但进出都能欣赏到柜子和柜内藏品美丽的姿态，柜子后方的空间也在展示柜的半遮半掩下，取得独立隐私。视线穿透柜墙，将前后两区串联在一起。这种方法特别适合展示各类模型，比如立体公仔、汽车、船及飞机的模型。

方案 3 结合书报陈列展示柜，成为玄关端景

在玄关端景规划一个深度 20 厘米，高约 30 厘米的书报展示柜，上层放杯盘类收藏展示品，而最下层做成书报陈列架，搭配黄色的灯光设计，成为进入玄关后的第一个视觉焦点。

方案 4 开放式层板放置公仔，深度 25 厘米方便清理

用开放式展板放置公仔及模型也是不错的选择，材质上以木头及铁件比较容易融合在空间里，形成端景。尽量不要用太深的层板，以免未来在清理上不方便。

方案 5 专属动漫人物模型柜，管理方便不易染尘

受到动漫及电影的影响，很多人会收集公仔及动漫人物模型，一般来说，公仔的高度约在 14 厘米以下，而动漫人物的模型高度约 21 厘米，在规划时要注意。上图运用 L 形书桌上方的玻璃柜来展示，不易染尘，清理及管理上也很方便。

86

想让我家的书柜
跟杂志上的一样漂亮

文————魏宾千、摩比　图片提供————尤哒唯建筑师事务所、德力设计

解决方案 书柜打背光 · 柜门错格配置 · 铁件钢架书柜

越来越多人选择把自己的家打造成开放式空间，比如将书房与公共空间结合。这时候，书柜除了用来放书，还要承担客餐厅的收纳以及展示柜功能。

书柜要设计得漂亮美观，柜子不要使用单一材质，比如可以用钢或铁做支撑，同时用木片做层板，整个书柜的画面就丰富起来了。如果想要木制书柜，建议木板要用厚一点的，最少要五六厘米，承载力比较好，若用铁件则更佳。

一般来说，书柜的深度约30厘米就足够了，但若是想跟展示柜结合，则深度可控制在40厘米以内。设计师建议屋主在设计书柜之前，不妨预估一下自己的藏书体量，量体裁衣才最适合。

还可以通过柜门的变化，让书柜更有设计感。比如部分搭配小抽屉、拉门设计，让柜子展现出跳格子的热闹趣味，在摆放、收纳书籍时，也因为书柜格子是否开放而多了选择的弹性。甚至可以给柜门上色、贴壁纸，或裱上皮革，丰富书柜的色彩，提高书柜的质感。

如果空间采光充足，会让书柜设计更具张力，如果采光不佳，有几种方式可以弥补。诸如背板加灰镜、用玻璃层板镶LED灯，以及隐藏层板灯的设计，都可作为书柜的辅助灯源。当然，也可以直接用天花板嵌灯或美式挂画壁灯替代。

书柜后加灯光，突显物件精致感

为了突出展示物的质感，设计书柜时不妨结合灯光设计，让光从柜子的四周投射出来，变成柜子的光墙背景，格柜看起来会更有立体感。另外，书柜里的书不要摆满，利用书挡放八分满，与饰品交错摆放，别有一番风味。

丈量书的尺寸，格状书柜让藏书量最大化

若是家里的书很多，建议最好能按书的尺寸规划切割书柜，让藏书量最大化。不同大小的格子让书柜充满变化。藏书的陈设可从美观的角度考虑用色系区分，如果考虑翻阅方便，仍建议以书籍的类别区分。

书柜门错格配置，有利于收纳的可视化

开放式书柜并不适用于每个人，可以考虑局部装上门，将一些不常用的参考书或杂志、文件等藏在其中，让书柜整体看起来不会太凌乱。

铁件钢架书柜，质感与个性加分

若预算足够，可以采用铁或钢作为书架的支架，不但美观、实用、承载力强，更能强化柜子的个性。除了结构性的铁件素材，还可以采用毛丝面不锈钢材质的拉门，除了局部遮饰书架之外，也以材料本身的个性替空间加分。

小贴士

十字造型，书柜本身就是艺术品

为让空间更有趣，结合后方主卧 60 厘米深的衣柜形成双面柜设计，面向客厅，制作成开架式的 35 厘米深的十字造型书柜，指接柚木搭配丽胡木，让木纹层次更丰富，空间设计更完整。

87

想偶尔在家小酌一番？

文——摩比　图片提供——杰玛设计、德力设计、匡泽设计、KII厨具

解决方案 酒的放置法·复合式酒吧·气压式吧台椅

品酒有很多种姿态，其实不限于在吧台；酒柜也有很多种形式，不限于市面上的酒柜样式。除非对品酒很有兴趣，否则在家里空间有限的情况下，要再塞进一个专业的温控酒柜也是有难度的，而且费用不赀。但若只是偶尔想跟老婆或好友在家小酌一番，则建议可以在餐厅与厨房的动线上，结合橱柜设计一个专属的小酒柜或酒架，方便拿取及洗涤酒杯。

设计原则要掌握几点：远离热源；通风良好，不能有湿气；避免阳光直射；瓶口有软木塞的红、白葡萄酒最好平放，以保软木塞湿润，防止酒变质，且酒瓶口径在8—9厘米才能放入；威士忌或清酒，甚至是纪念款的酒，建议找适合的橱柜直立放置。但在没有专业酒柜的情况下，建议酒最好在1—2年内喝掉。

至于小酌的空间，其实哪里都可以，客厅沙发、餐桌，甚至卧室。但讲究的人还是会在家里设计吧台，这又分高脚酒吧台以及厨具、餐桌结合的复合式中岛吧台。

若只是单纯的高脚酒吧台，高度在90—120厘米都可以，依照使用者的身高来设计，建议搭配气压式吧台椅，不但不受吧台高度影响，上下都方便，更重要的是能营造出小酌的闲适氛围。吧台下方可预留15—20厘米深的空间，方便搁脚。如果是复合式中岛吧台，则高度在75—80厘米比较合适。

吧台的建材也有很多种选择，如吧台立面可以选用石材，吧台平面则可选搭温润的木纹建材。反之，吧台立面用木纹建材，吧台平面的建材则可以自由搭配。记得还要配上柔和的灯光设计，让人放松心情，喝起来才会更有感觉。

方案 1

葡萄酒平放，烈酒直放，且远离热源

酒柜的位置应与屋主的生活习惯及动线结合规划，推荐设在厨房与餐厅区域，方便拿取及洗涤酒杯。在规划酒柜的同时，也要考虑葡萄酒平放、烈酒直放的位置，注意远离热源，比如炉具及电器等，甚至酒杯的收纳位置也要考虑。最适合的空间包括中岛台下、电器柜最下方、餐边柜或厨房的收纳柜等。

方案 2

结合厨具、餐桌功能的复合式吧台

结合厨具与餐桌功能的复合式吧台恐怕是最多人使用的解决方案。在设计时，要记得远离会产生电热的家电。葡萄酒要平放，注意直径为八九厘米才能放入。

方案 3

高脚吧台搭配气压式吧台椅，绝配

高脚吧台的高度一般在 90—120 厘米，依照使用者的身高来决定。吧台下方可预留 15—20 厘米的深度，方便搁脚。吧台最好搭配气压式吧台椅，可以灵活调整使用高度，上下也方便。另配合柔和的灯光设计，营造出完美的闲适氛围。

小贴士

关于专业的小酒柜

不管是嵌入式还是落地式酒柜，都必须考虑酒柜的散热空间是否顺畅，否则会因热气在柜内聚集导致压缩机运转不顺畅、温度感应棒失效等问题。

88

我想跷着二郎腿
在家看电影、听音乐会

文——李宝怡　图片提供——杰玛设计

解决方案 强力遮光帘 · 投影设备 · 隐藏幕布 · 主声道＋环绕＋重低音喇叭

把大屏幕大画面搬回家已不再是梦想，家庭影院的视听设备已不再是有钱人的专利，而是一步步深入到一般家庭里。到底该如何建构一个属于自己的家庭影院呢？

家庭影院的设备大致上分为：投影机、投影幕布、音响等。从空间上又可细分为密闭式的视听音响间及与客厅结合的家庭式影院。

前者因设备等级的关系，装修花费可能不菲，不但需要配备隔音及吸音装置，甚至还可整合投影幕布与窗帘通过遥控器的方式开合。这时，欣赏音乐会及电影便成了顶级的娱乐。若还想在家里营造亲临现场的氛围，美国有一款Buttkicker牌低频传感振动器，安装在沙发或椅子下，当有爆炸或重低音音效的场面时，椅子还会跟着震动！

与客厅结合的家庭影院就没那么讲究，满足观看电影的需求就可以了。虽无顶级设备，但该有的还是不能少。可以将电动投影幕布设计在天花板内，为迁就升降投影幕布的马达及窗帘盒，建议幕布开口与天花板之间预留15—20厘米高度的空间。

以深约320厘米的客厅来说，扣除投影机及幕布所占的空间，镜头到幕布的实际投影距离大概只有270厘米，以2.5倍推算，投影尺寸不超过90寸比较适宜。而在规划吊挂天花板的投影机时，要记得将电源线、视频线，甚至网络线等一并考虑进去。记住，一定要先配管，再拉线，才不会遇到未来扩充的问题。

方案 1

选择 遮光性强的窗帘

环境光会影响观看体验，所以窗帘一定要能完全阻隔光线。

设计天花板，包裹隐藏投影幕布

采用电动式升降幕布，方便使用。记得天花板要预留维修孔。

视线落在屏幕中央最好

120 寸幕布高 150 厘米，150 × 2.5 = 375 厘米，因此距离 3.6 米来观看是对的。但一般家庭若不太在意细节，购买 80 寸的幕布就足够了。

电视柜安置主声道喇叭、中低音响、功放等

电视柜以一对喇叭来模拟重现音场技术，音域会比电视的双声道更为宽广，容易有环绕的感觉，并在屏幕下方放置中继器。

方案 5

沙发背墙高挂投影机及两个喇叭

5.1 音效的环绕效果当然是最好的，但是得请人上门架设。一般是 5 个小喇叭，加上 1 个重低音喇叭，摆设还算容易，绕线比较麻烦，可以用地毯掩盖或是藏在家具后面。

重低音喇叭，创造立体声效果

隐藏在茶几下的重低音喇叭在必要时才会出声，尤其是在看动作电影的时候最震撼。

89

给我专属的体感游戏场

文——摩比、魏宾千　图片提供——德力设计、王俊宏室内设计、KII 厨具

解决方案 传感器距离适当・多功能客厅＋防滑地板・移动式插座

自从任天堂推出销量惊人的家用游戏机Wii后，微软的Xbox、索尼的PS3等游戏机纷纷进入体感游戏市场，用户直接用遥控器或四肢，就可以在家里与亲朋好友一起玩互动游戏。

但无论是哪一种体感游戏，最重要的是场地及设备的安置，因此在家里规划设计一个专属的体感游戏场应该注意以下几点：

首先，玩体感游戏时肢体的动作较大，如果是两人一起玩，游戏场地最小必须在16—20平方米。如果希望容纳三个人，则必须有30平方米以上的空间，否则便会出现碍手碍脚的窘境。

其次，游戏主机可以随电视相关用品收纳在橱柜里或电视台面下方，最主要的是感应器的位置，最好设置在电视机中央上方10—15厘米高的地方，且前方无遮蔽物。若是搭配壁挂式电视，则不妨在电视的上方或下方设置层板放置，相连的线路可以隐藏在电视墙的封板后、地板下。一般来说需要10—15厘米长的封板，方便电线管路的处理，预留维修孔，方便日后维修。如果不想做封板，可以打掉电视墙局部，以便预埋PVC管，费用不见得更便宜。另外，游戏场周边的收纳也必须规划妥当。

虽说电视越大，游戏效果越好，但仍需考虑整体空间，47寸以上为最佳。

方案 1 Xbox 感应器距离在 2.5 米以上感应佳

在客厅电视上方安装 Xbox 的 Kinect 感应器，用户和电视的距离最好在 2.5 米以上，且安装高度与视线平行，感应最好。另外在玩的时候建议灯光别太亮，中间不要放置椅子及沙发，以免发生误判。

方案 2 Wii 感应器距离 1—3 米感应佳

由于 Wii 红外线感应器轻薄短小，因此可粘贴在电视屏幕的正上方，大约与视线平行的位置即可。下方层板则可放置 Xbox 的感应器，并将主机放在电视柜上方，以方便取用及换片。

方案 3 体感游戏场，防滑地板保安全

无论是哪种体感游戏机，地板必须注意防滑性，因此不推荐抛光石英砖建材，容易摔倒。大面积地毯具有吸震与隔音的效果，是可以考虑的辅助材料。同时，客厅搭配弹性空间可扩大游戏场地，当屋主想释放压力或有宾客到访时，客厅可以马上变身体感游戏场，成了接待宾客打开话题的好帮手。

小贴士

移动式插座，方便扩充

电视柜附近又新增了电器？移动式插座适时出现。它包含电源轨道与插座，插座可以随意嵌入，一条 100 厘米长的铝制电源轨道可以嵌入 10—12 个插座头，十分方便。

小餐桌也能撑起 12 个人的聚餐？

文————木子、李宝怡　图片提供————馥阁设计、赫奇实业、幸福生活研究院、杰玛设计

解决方案 中岛兼餐桌・伸缩家具・电视矮平台

现代家庭人口少，最多一家四口，所以一般选用方形餐桌。但如果周末假日朋友家人来聚餐，原本刚刚好的餐桌又不够用了，该怎么办？其实最简单的方法就是挑选一张多功能餐桌，原本能容纳4—6人的餐桌，经过延伸，能扩展成容纳10人以上的大餐桌。

不过设计师也提醒，如果已经决定选用可延伸的餐桌，餐厅周遭要减少障碍物或固定柜子的设计，以免拉伸餐桌后又得搬来搬去，造成不便。

除了一般餐桌之外，目前最流行的中岛厨房亦有增加用餐座位的功能。中岛料理台可依据自身需求决定高度和使用场景，平常可简单作为早餐、下午茶的餐桌，有聚会需求时，中岛就成为最实用的第二张餐桌。

早年传统大家族用餐，经常是大人一桌、小孩一桌，这样的方式其实也可以重新运用，餐厅区域可规划一张正式用餐的餐桌，旁边的空间搭配通过电动升降设备隐藏在地面内的圆形小餐桌。

除此之外，就要靠设计师发挥创意了。比如在小户型空间里，可将客厅的电视矮柜从玄关延伸到窗台，人多时可充当座椅或小桌面。或者想省钱的话，到家具卖场买两组高度差在3厘米左右的无抽屉工作桌，组成 T 字形，客人来时就可并排组成大桌子，便宜又实惠。

餐桌＋中岛，弹性好用

中岛料理台的设计巧妙地为空间创造了第二张餐桌，还能增加厨房的收纳空间。当然，中岛料理台周边的走道建议留 90—120 厘米的宽度，同时吧台椅或餐椅最好可收纳于中岛下，避免占据走道空间。

方案 3

压低电视柜平台高度，变身坐卧椅

在小空间里，灵活运用复合式设计也是好方法。比如将客厅的电视柜压低至 40—45 厘米，并从玄关一直延伸至窗台与坐卧铺结合，在人多时就可以充当座椅，而单人木板凳可充当临时茶几，好用又实惠。

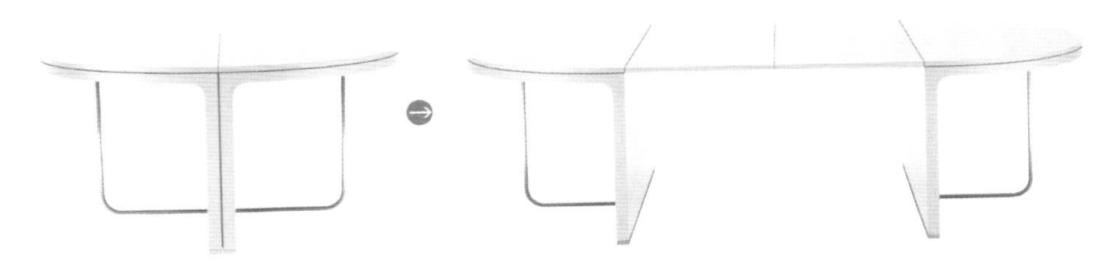

善用延伸餐桌，4 人变 10 人

传统的延伸餐桌都是在原本的餐桌内附上两片延伸片，在必要时拉长，再增加座椅，而法国品牌 Ligne Roset（写意空间）设计了一张圆形的折叠餐桌，收起来是 4 人餐桌，但展开后可坐 10—12 个人。

小贴士

升降餐桌，孩童专用

若预算足够，可以在正式餐桌之外，另规划一个可以收进地面的电动升降餐桌，聚会时，就能让小孩和大人分开用餐。升降桌面平常也不会占空间，高度也可以灵活控制。

91

想在家练琴，又怕邻居投诉？

文——魏宾千、摩比　图片提供——尤哒唯建筑师事务所、德力设计、同心绿能室内设计

解决方案　气密窗・木地板＋隔音毡＋隔音帘・甘蔗板＋吸音棉

一般来说，琴房可分为开放式与封闭式两种。封闭式的琴房如以录音室的等级规划设计，需要在墙面使用隔音棉、矿纤板或甘蔗板等有吸音特性的材料，甚至连门都要用隔音条。但这种专业级的空间设计的费用不是一般人可以接受的。

其实琴房的设计，声音是首要考虑。隔音设计若不佳，琴房易受干扰。而琴房内吸音过度与吸音不足也不可取。吸音过度的设计会让音场干涩，吸音不足则会有回音问题，而且吸音材料使用不当会导致音色扭曲走样。因此，在欧美国家，会利用木头、胶合板等搭建空间结构，就连地板也由木板铺成，四壁多以石膏板钉成，天花板则用薄胶合板或矿纤板来吸音，这样的设计会使声音听起来比较温暖，而不似抛光石英砖地板，会将声音反射得生硬。

另外，多用窗帘、地毯等软性建材。窗帘布最好厚而软，不但隔音，也让声音好听。除此之外，布绷泡棉、有造型的吸音泡棉等也都具备相同的吸音效果。

方案 1 开放式琴房用气密隔音窗，声音不外传

左图中因空间关系而将琴房设计成开放式，搭配黑色三角钢琴，淡黄色主墙突显钢琴的优雅，更让白色立面变得有层次感。气密隔音窗及木地板、天花板等设计，将声音保留在室内空间流动。

木地板 + 隔音毡

木质天花板 + 吸音帘

方案 2 运用厚重的绒布蛇形帘隔音兼柔化音波

将钢琴架在木地板上，弹奏出来的声音听起来不会太过冷硬，同时做好隔音措施，木地板下还有隔音毡加胶合板，隔音毡记得收边。搭配木质天花板及厚重的绒布蛇形帘，不但隔音，也能柔化音波。让天花板、地板及墙吸收、反射、扩散声波，使钢琴的声音达到“软硬适中”的效果。

方案 3 甘蔗板 + 吸音棉，建构密闭式琴室

将书房与琴室结合，墙面用具备吸音特性的隔音棉、矿纤板及甘蔗板，门施以隔音条，让声音被锁在琴室内，不会打扰家人或邻居。

92

想在家里养鱼，有什么需要注意的吗？

文——李宝怡　图片提供——成大 TOUCH Center、尤哒唯建筑师事务所、百观水族景观

解决方案 嵌入式鱼缸・电子水族箱・互动室内鱼池

想在家养鱼，有些基本的准则要注意：首先，鱼缸不宜过大，以圆形及长方形为佳；其次，摆放位置不宜过高，水平面的位置最好不要超过一般人心脏的高度，否则清洗鱼缸不便，但也不得低于人的膝盖，否则容易被踢翻。

养鱼达人表示，其实鱼很好养。只要遵循“养鱼先养水，养水先养菌”的方法；选购适当的器材，如过滤系统、空气泵、控温器、马达及灯光定时器等；每三个月至半年清理一次鱼缸，鱼就不会因为容易生病而死掉。

近年来，因科技发达，市场上出现了电子鱼缸，通过手机、电脑及液晶屏幕在玄关或客厅形成一道有趣的风景。或者运用投射技术及感应式地板将鱼缸投射在地板上，变身玄关鱼池，为空间带来趣味感。

嵌入式鱼缸，考虑给排水及承重结构

设计师表示，若选用嵌入式鱼缸，要记得预留给排水管路，方便未来清洗鱼缸时使用。橱柜下方的结构要稳固，板材要厚实，以支撑鱼缸重量，也方便在此设计收纳空间，放置养鱼的饲料或其他所需器材及工具。橱柜内部要预留 30—50 厘米的深度以隐藏马达，上方要预留约 30 厘米的高度用来埋设灯管及滤水系统。

投影机 + 感应式地板 = 互动室内鱼池

台湾成功大学研发出一套互动感知技术，将感应器安装在玄关入口处的玻璃底下，当人走进侦测范围时，会启动头顶的投影仪将互动鱼池影像投在地板上，脚轻踩，感应器便会发出讯息，变化出阵阵涟漪及与鱼儿互动玩耍的反应动作。

液晶屏幕 + 游戏软件 + 手机 = 电子水族箱

有商家推出养鱼类游戏，可用智能手机虚拟选购鱼及喂养饲料。屋主将游戏搬上玄关柜内的液晶屏幕，形成电子水族箱，通过手机或触屏控制鱼游快游慢，甚至转换方向。优点是没有换水的麻烦，但若长时间不照顾鱼或清理鱼缸，鱼也会死亡。

小贴士

在家里适合养什么鱼？

其实在家养鱼，最忌鱼跟水草死掉，因此选择比较容易存活的鱼是最好不过的。养鱼达人表示，中型鱼比小型鱼更好养，右侧表格里列举了一些好养且易活的鱼，仅供参考。

鱼类名称	性格特点
银带	个性较温和，不挑食，繁殖力强
黑摩利 黑牡丹	这两种鱼性格温和，对食物不挑剔，比较容易饲养
锦鲤 金鱼 血鹦鹉	这些鱼色彩鲜艳，性格温和，对水温及水质适应性强，容易饲养

Chapter 6

生活创意的烦恼

93

装修前，不知如何跟设计师沟通？

文——李宝怡

解决方案 图像对比沟通法・条列式沟通法

在找设计师前，先问问自己想象中的家必须要有哪些条件，掌握5W（What、When、Where、Why、Who）跟1H（How）的精神，先把自己的想法理清，再找设计师讨论。

这里有两个不错的沟通招数：把想法条列化以及用图片辅助说明。

思考方向	思考内容
实际情况	面积 ____、地点 ____、居住人数 ____、年龄层 _____ 房子状况 ____（有无壁癌或漏水、有无违建、管线是否全部更换）
装修需求	□全屋装修 □局部装修
格局要求	□阳台 □玄关 □客厅 □餐厅 □厨房 □浴室 □主卧 □书房 □儿童房 □父母房 □其他 _____
功能需求	玄关 / 要多大才能装得下全家人的鞋？ 客厅 / 要不要电视柜？要跟书房结合吗？ 餐厅 / 桌子要圆的或方的？要放餐橱柜或电器柜吗？ 厨房 / 开放式还是密闭式？需要吧台吗？ 浴室 / 要不要泡澡？要干湿分离吗？要不要做浴柜跟镜柜？ 主卧 / 要放电视吗？要衣柜还是更衣室？要不要梳妆台？要床头柜吗？ 儿童房 / 一人一间？两人一间？单人床或上下铺？
装修预算	□ 100 万元以下 □ 100—200 万元 □ 200—300 万元 □ 300 万元以上

方案

图像对比沟通 + 条列式沟通

找出你喜欢的空间风格的图片供设计师参考，再从实际情况、全室或局部装修、格局、预算四个方向预先思考，并罗列出具体数字与描述，这样的沟通更清楚。

小贴士

请设计师有哪些花费？

请设计师通常要弄清楚需要支付哪些费用，能享受哪些服务，比如丈量设计费、监工费、材料费等。

94

有没有
能计算食物热量的家电？

文——李宝怡　图片提供——成大 TOUCH Center

解决方案 智能餐桌・手机拍照计算

健康生活，应从饮食做起。但是怎么做呢？

目前已经出现了能上网的智能冰箱，可以连接无线网络，通过触屏查询菜单并网购，还可以显示每种食材的热量。但在智能冰箱及其他相关产品还未普及前，或许手机可以先行协助。现在有很多能计算食物热量的手机软件，可以试试。

将热量计算程序写进餐桌

台湾成功大学的 TOUCH Center 曾研发过一款智能餐桌，在餐桌嵌入触屏，扫描食物的二维码后，能纪录食物采购日期及热量，供使用者在桌面上查询及管理，但并未产品化。

方案 2

手机拍照计算热量

除了有帮助使用者记录摄入和消耗多少热量的软件，还有如图所示对食物拍照后即时推算热量的手机软件，都很有帮助。

95

如何用最少的钱
打造有设计感的墙面？

文———魏宾千　图片提供———尤哒唯建筑师事务所、杰玛设计、壁贴网

解决方案 立体壁材·壁纸＋大图输出·色彩灯光

每次翻开家居杂志，看到别人漂亮的家，是不是也想把自己家变成那样呢？但一想到要大动土木、更改格局，就觉得伤透脑筋。光买材料这件事，就让荷包失了不少血。到底有没有什么办法，能用最少的钱跟时间把家里变得美美的呢？

其实很简单，把墙壁变化一下。

这里的把墙壁变化一下并不是要你打墙改隔间，而是通过一些简单的建材及手法，让原有的墙呈现新的风格，让你每次一回家就眼睛一亮，或让朋友印象深刻。这里，设计师提供几招供大家学习：善用色彩，选择有凹凸质感的壁面材、壁纸及用灯光加分。

想要丰富墙的美感，刷油漆是最简单也最普遍的做法。但油漆刷上墙后，虽然有了颜色、平整感，却少了一种随着光影变化的立体感，于是衍生出在漆料里添加矿物质的特殊涂料，从早先的石头漆到最近的硅藻泥等，搭配手抹刀具能产生千万变化的效果，创造精彩出奇的立体墙。

不喜欢一次装修就把墙的设计定型，那么可以尝试所谓的墙面壁贴或大图输出。简单地说，就是一组放大版的造型贴纸，如植物花朵、动物或人像等的剪影，基本上每一组壁贴都是有主题的，可以运用在壁面、玻璃等底材上，更换容易。另外，时下流行的梧桐木和文化石也是不错的选择。

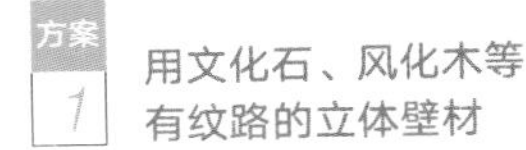

方案 1

用文化石、风化木等有纹路的立体壁材

文化石及梧桐风化板是近年来最常见的立体壁材，为空间带来浓浓的人文气息外，更能带来粗犷平实的触感。

方案 2

上漆，用色彩改变居家氛围

让家改变的另一个平价方案是运用油漆。只要有色号，几乎什么颜色都可以调出来。

方案 3

壁纸 + 大图输出，为壁面增添活泼感

墙面变化还有大图输出、贴壁纸的做法。无缝壁纸是不错的选择，可让整面墙展现出活泼感。

小贴士

用轨道灯光突显墙面立体感及设计感

除了在选材方面用心，还有灯光可以加分，如在墙面四周用轨道灯投射灯光，在柔和光影的烘托下，墙面材质及图案的轮廓得到强化，也体现出墙面设计的个性。

96

不要一成不变，
换个颜色，换种心情

文———李宝怡　图片提供———大湖森林设计、杰玛设计、养乐多木艮

解决方案 黄色乐观・红色热情・蓝绿舒压・棕色安稳・粉色柔情

大部分人在家里会保守地运用白色系或是中性浅灰色系，对其他色彩总是敬谢不敏。其实根据国外色彩心理学研究，色彩能提升人的知觉感受，帮助转换心情，而相较其他更改格局或搬家换环境等费力又费钱的方式，换个颜色是最快的改变心情的方式。

但是，并非在家里找一面墙漆一漆或贴上喜欢的有色壁纸，就可以改变心情。设计师表示，空间配色问题还涉及天花板及地板的颜色，若天花板及地板选择白色、浅灰、浅米或咖啡等大地色，则墙面可以在色彩选择上更大胆。但若天花板及地板已用彩色，建议墙面还是素雅一点，才不会干扰居住者的心性。

具体该用什么颜色呢？首先要确定你想改变的是什么。比如，容易上火脾气大，甚至有高血压之虑，建议在客厅里漆上浅蓝色系，帮助心情平复冷静；如果食欲不振，自己也提不起劲在家做饭，设计师建议在餐厅选用能制造温暖气氛的橘红色，可以帮助提高食欲；若有失眠的困扰，可以考虑在卧室里用绿色；若很容易陷入悲观的情绪，客厅主墙用鹅黄色是不错的选择。另外，就个性而言，如果是好动活泼的人，室内选择蓝色系或大地色能让人平静下来。用色比例上，设计师主张彩色与白色空间3:7的配置，可让人眼睛一亮，又不易造成视觉及空间压力。

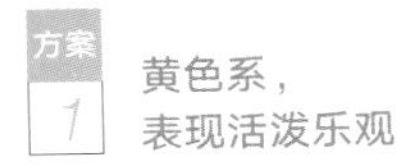

方案 1

黄色系，表现活泼乐观

黄色是色彩学里的百忧解，代表直觉、明亮、外向、开放，因此非常适合用在需要引人注意或特别强调的地方，比如客厅及玄关主墙，帮助人正面思考。

方案 2

红色系，展现热情自信

喜欢招呼朋友来家里玩，或想拓展人际关系，建议在客厅或餐厅的主墙上运用红色系，展现自己的热情、自信、好客外，最重要的是红色系能提高食欲，为空间营造欢乐的氛围。

方案 4

蓝色系，改善情绪起伏，帮助冷静思考

蓝色带给人的感觉是宁静、祥和，根据美国色彩学验证，蓝色有抑制神经兴奋、安定心情、降低血压的作用，对老人家及小孩有正面的情绪稳定效果。若家有考生，更有提高学习效率的作用。适合用在客厅、卧室、书房等空间。

方案 5

大地色，寻求心灵平静安稳

保护色浓厚的大地色系，包括棕色、米色及木头的咖啡色，不张扬、安全稳定，适用于各种空间。选择大地色的人，做事情习惯一步一个脚印，在理财上也通常会小有收获。

方案 3

绿色系，舒缓压力、治疗失眠

绿色是最能让眼睛放松的颜色，尤其是亮绿色，代表着平衡、聪敏、丰盈及治疗的能力，适合用在客厅及卧室。蓝绿色能呈现双倍宁静，让人静下心来快速入眠。

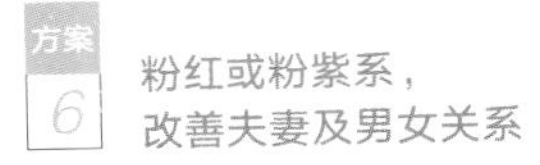

方案 6

粉红或粉紫系，改善夫妻及男女关系

粉红色或粉紫色在心理学里代表柔和与纯真、激情，甚至有医学报道指出，粉红色会让皮肤散发健康色彩，因此很适合用在主卧或单身女子的房间里，代表幸福及顺和。

97

我要让自己看起来更美的化妆间！

文——李宝怡　图片提供——尤哒唯建筑师事务所、杰玛设计

解决方案 注意色温 + 侧灯・球形灯泡・黄光白光交错

化妆就如同一门艺术，先从保养开始，化妆水、乳液、精华等保养液全数吸收后，再上隔离霜、BB霜、遮瑕、粉饼、蜜粉、腮红、眼线、眼影、假睫毛、口红、唇蜜……是跟室内装修一样大的工程，一点也不能马虎。因此，拥有一个专属化妆台是必要的。

化妆台通常是在主卧里，有时跟着床头延伸，有时则利用床边边桌，甚至在衣柜旁或更衣室内。但无论如何，想要化出漂亮的妆，除了好用的化妆台外，化妆台上的灯光设计也很重要。

很多女主人会要求化妆台一定要打“苹果光”。其实苹果光本来是电视摄影棚内的专业灯光师运用的打光技术，通过补光、调光、散射、衍射等技巧，勾勒出被拍摄的人清晰柔美的五官轮廓，并修饰遮蔽皮肤上的瑕疵，展现出完美的肤质和气色。后来也被运用在平面摄影里，泡沫板加上一块锡箔纸做成反光板，再加柔光纸，就能达到柔和光线的效果，遮掩脸上的小瑕疵，让被拍的人皮肤看起来更好，整体更光鲜亮丽。

后来这种打光技术延伸到了空间设计里。一般来说，在化妆台上方设置暖白光色系的灯就足够了。若怕镜子上方的灯会让照在脸上的光线分布不均，也可以在化妆镜两侧加装灯，但要注意灯光的亮度尽量与自然光接近，不宜过白或过强，且要均匀，才不会失真。

方案 1

色温在 3000—3500K 的灯 + 镜面两侧灯

如右图所示，化妆台的灯最好选用色温 3000—3500K 的 LED 小嵌灯或射灯，会让女生的肤色在镜子中看起来漂亮且粉嫩。要避免灯光从头顶打下，脸上的阴影会太重，需要在镜面两侧再加灯管或灯泡。

球形灯泡能让光更均匀地照在脸上

专业的彩妆室多会用球形灯泡，也不用螺旋灯泡，而用喷有荧光粉的玻璃灯泡排成一列来取代一般灯管。因为球形灯泡投射出来的光可以更均匀地照在人身上。若怕灯光会过亮或过热，改用调光灯泡就可以了。

避免全黄光或白光，交错搭配最贴近自然光源

当室内光线比室外亮时，黑眼圈会变明显，但更能看清楚皮肤细部的暗沉粗糙，然后重点改善。建议临窗位置的灯泡设置在眼睛上方至少 170 厘米以上，就不会容易有黑眼圈的问题。灯泡不一定要全白光或黄光，可以白黄交错搭配，更接近自然光源。

98

怎么让我看起来愈来愈年轻？

文——魏宾千、李宝怡　图片提供——尤哒唯建筑师事务所、杰玛设计、大湖森林设计、宽 空间美学设计

解决方案 养宠物・吃早餐・大笑・交朋友・充足睡眠

俗话说：“心态好，不易老。”保持良好且正面的心态很重要，而空间设计可以通过改善居住环境，营造舒适明亮的生活空间，让居住者放松心情、享受生活，由内而外，通过心境的改变，达到身体的改变。当然，最直接的就是打造一个能检视自己体态，并通过服装或化妆修正的空间，即结合镜子、化妆台、衣柜或更衣室，甚至浴室的专属空间。

以往，化妆台都是中规中矩地被安置在房间一角，但在开放式空间的思维里，化妆台就像洗手台一样，可以被单独抽离，不再附属于卧房。它可能并入更衣室，或是走进浴室与洗手台结合，让梳妆打扮与挑选衣物、洗浴等动作可以连续进行，节省时间。出门前，还可以通过玄关的仪容镜再次确认。

养狗或养猫，年轻 1 岁

对应空间：专属的宠物空间。
有医学报告指出，饲养有宠物且每天与之说话的人，不易患精神疾病，也更易保持乐观的态度。

方案 2

每天定时吃早餐，年轻 1.1 岁

对应空间：便利的早餐吧台。
早餐主要补充纤维与水果，拒绝含有大量油脂的汉堡或薯饼。

大笑，年轻 1.7 岁

对应空间：更衣镜、浴镜、玄关仪容镜。
常常照镜子也是爱护自己的方式之一，可以观察脸部的情绪变化。平日尽可能开怀大笑，可以降低情绪焦虑，反映在脸上，自然就年轻许多。

交朋友，年轻 2 岁

对应空间：专属衣柜。
好好打扮自己，衣着得体地走出门交朋友吧，通过与人交流来纾解情绪压力。

充足睡眠、泡澡，年轻 3 岁

对应空间：促进血液循环的泡澡浴缸、舒适的床。
一天最好保证 7 小时睡眠时间，优质的睡眠能让身体自然产生更多的生长激素，而生长激素是抗衰老最重要的化学成分。

99

在家也能拍出摄影棚效果的照片

文——摩比　图片提供——德力设计

解决方案 充沛光源・素色背景・工作平台

有充沛的自然光是拍出好照片的基本条件之一。为了控制进入屋内的光源，在窗帘的规划上有两种情况：一是光源条件不好的空间，可选用具调整光源效果的百叶、木百叶、百折纱、罗马帘、风琴帘等；二是光源条件极佳的空间，可以搭配透光度低的窗帘，让室内空间有更多光源变化。

其次，就是整体空间的配色。以拍物品为例，素色背景是最好的衬托，选择以象牙色为空间主色调的做法最便利。灯光部分，可使用现有的台灯或相机外置闪光灯作为光源，但数量最少要两个，才能安排主、副灯，台灯的灯泡建议使用演色性佳的昼光省电灯泡。

方案1 拥有充沛的自然光来源

充足的光源是拍好照片的第一条件。如果没有阳光，那么善用台灯或相机外置闪光灯左右配置，用珍珠板挡光，也有相同效果。

方案3 可以做后期处理的工作平台

要拍出好看的照片，除了前期要拍好外，后期处理也很重要。如果有专属的工作平台，照片拍好后就可以专心修片了。

方案2 用纯白或象牙色空间为背景

家中的色调以浅色为佳，或选择一个背景墙，以纯白或象牙色作为拍摄物的衬底。

小贴士

用全光谱灯泡，室内摄影必备

一般灯泡在未打闪光灯且调过白平衡的情况下，成片颜色仍会偏蓝，无法呈现真实色彩，因此建议选择全光谱灯泡。

100

在门口
放个聚宝盆吧！

文——李宝怡　图片提供——尤哒唯建筑师事务所、大湖森林设计

解决方案 在玄关放置合适的存钱罐

存钱这件事，涉及每个人的理财心态：有人主张“今朝有酒今朝醉”，因此一拿到钱就花光；也有的人一拿到钱就存起来，除了生活所需外，其他的一点都舍不得花。

其实过与不及都不好，如何合理运用金钱考验着每个人的智慧。但就空间而言，想让自己存得下钱来，设计师们提供了一个既科学又简单的方法——在门口放个“聚宝盆”。也就是在入门处放一个深一点的碟子或收口的盆，每天回家的第一件事，就是把身上所有零钱拿出来，放入盆或碟子里，积满后清算存入银行。但记得要留“母钱”浅浅地铺在“聚宝盆”底部，以便持续吸金。这种积少成多的方法很快可以看到成效。建议最好全家人一起设定目标，共同行动，不但可以增进家人情感，累积速度会超乎你的想象。

方案 1

在玄关放置存钱罐聚财

在玄关及腰处放置好看的存钱罐或碗盘，并养成回家就把身上零钱拿出来存入的好习惯，马上就可以看到积少成多的效果。

方案 2

选对聚宝盆，财富累积更快速

视人数而定。若家里只有两人，如上图所示的漂亮浅盆即可；若一家四口，建议选用如左图所示的中型、有点深度的瓷瓮，或是漂亮的零钱罐，才能确保零钱只进不出。另外，选择金色、银色、黄色或红色，再搭配灯光设计，让人一进门就能看到，不容易忘记。

图书在版编目（CIP）数据

零烦恼居住全书 / 原点编辑部著 . -- 北京 : 中信出版社 , 2017.7 （2018.7 重印）
ISBN 978-7-5086-7613-5

Ⅰ . ①零… Ⅱ . ①原… Ⅲ . ①住宅—室内装饰设计
Ⅳ . ① TU241

中国版本图书馆 CIP 数据核字（2017）第 110991 号

零烦恼居住全书

著　　者：原点编辑部
出版发行：中信出版集团股份有限公司
（北京市朝阳区惠新东街甲 4 号富盛大厦 2 座　邮编　100029）
承 印 者：鸿博昊天科技有限公司

开　　本：787mm×1092mm　1/16　　印　　张：13.75　　字　　数：238 千字
版　　次：2017 年 7 月第 1 版　　印　　次：2018 年 7月第 3 次印刷
广告经营许可证：京朝工商广字第 8087 号
书　　号：ISBN 978-7-5086-7613-5
定　　价：58.00 元

服务热线：400-600-8099
投稿邮箱：author@citicpub.com